Inhaltsverzeichnis

Grundlagen der Optik

Autorin: Heike Hofmann

Optische Geräte

Autorin: Heike Hofmann

Die Autorin

Heike **Hofmann** ist Konrektorin an der Realschule plus Salmtal, Lehrerin für Mathematik, Physik und Arbeitslehre sowie Trainerin für das Projekt „Pädagogische Schulentwicklung" für das EFWI.

Abkürzungen und Siglen

LS = Lernspirale
LV = Lehrervortrag
EA = Einzelarbeit
PA = Partnerarbeit
GA = Gruppenarbeit
PL = Plenum
HA = Hausarbeit/Hausaufgabe
L = Lehrerin oder Lehrer
S = Schülerinnen und Schüler

In den Erläuterungen zur Lernspirale wird für Lehrerinnen und Lehrer bzw. für Schülerinnen und Schüler ausschließlich die männliche Form verwendet. Dabei ist die weibliche Form stets mitgemeint.

Grundlagen der Optik

Der Lern- und Arbeitsprozess

A Vorwissen und Voreinstellungen aktivieren

B Neue Kenntnisse und Verfahrensweisen erarbeiten

C Komplexere Anwendungs- und Transferaufgaben

Optische Geräte

Der Lern- und Arbeitsprozess

A Vorwissen und Voreinstellungen aktivieren

LS 01 **Ein Kreuzworträtsel zur Wiederholung der Grundlagen lösen**
▶ in EA ein Kreuzworträtsel lösen ▶ in PA vergleichen und die Bedeutung der Lösungswörter im Lehrbuch heraussuchen ▶ in GA ein Tafelbild entwerfen ▶ Präsentation im Plenum

B Neue Kenntnisse und Verfahrensweisen erarbeiten

LS 02 **Die Eigenschaften der Lichtbrechung an Konvexlinsen untersuchen**
▶ Versuchsaufbau in EA nachvollziehen ▶ in PA Vorgehen besprechen ▶ ausgelostes Tandem erklärt im Plenum ▶ Versuch in PA durchführen ▶ Ergebnisse in der Gruppe austauschen ▶ ausgeloste Gruppe stellt Ergebnisse vor ▶ Reflexion der PA

LS 03 **Die Bildentstehung im menschlichen Auge beschreiben**
▶ Lehrervortrag folgen und mitschreiben ▶ in PA Aufzeichnungen vergleichen und ergänzen ▶ in EA ein Arbeitsblatt zum Auge beschriften ▶ in PA Modell eines Auges beschreiben ▶ ausgelostes Tandem präsentiert im Plenum

LS 04 **Sich über die Kurz- und Weitsichtigkeit im Doppelkreis austauschen**
▶ in EA Text zur Kurz- bzw. Weitsichtigkeit lesen und Wichtiges markieren ▶ mit textgleichem Partner vergleichen und ergänzen ▶ Informationen im Doppelkreis austauschen ▶ in PA Unterschiede auf einer Folie festhalten und die Funktion einer Brille erklären ▶ Austausch in der Gruppe und Präsentation im Plenum

LS 05 **Lernstationen zu optischen Geräten als „Praktikum" durchführen**
▶ im Plenum das Vorgehen besprechen ▶ in GA die Stationen des Praktikums durchlaufen ▶ in neuen Gruppen die Ergebnisse vergleichen ▶ Zufallstandems stellen ausgewählte Stationen im Plenum vor ▶ Reflexion der GA

C Komplexere Anwendungs- und Transferaufgaben

LS 06 **Eine Mindmap zu optischen Geräten und deren Grundlagen anfertigen**
▶ in EA Begriffe zum Thema sammeln ▶ in PA Begriffe vergleichen, ergänzen und deren Bedeutung klären ▶ in GA die Begriffe sortieren, Oberbegriffe finden und eine Mindmap legen ▶ einen Rundgang zum „Ideenklau" durchführen ▶ in EA eine Mindmap zum Thema anfertigen

LS 07 **Den eigenen Lernstand zum Grundlagenwissen der Optik reflektieren**
▶ Fragebogen in EA ausfüllen ▶ Fragen in GA auf Karten schreiben, clustern und im Plenum besprechen ▶ in EA einen Test bearbeiten ▶ in PA Ergebnisse vergleichen, diskutieren und verbessern ▶ ungeklärte Probleme im Plenum besprechen

Beispiel zum Aufbau der Lernspiralen

LS 01.M2

Verweis auf die Aufgabe in der Kopiervorlage **A3**

Verweis auf die Lernspirale und das Material

		Zeit	Lernaktivitäten	Material	Kompetenzen
1	EA	10′	S füllen einen Steckbrief aus.	M1.A1	– Stichpunkte machen – Fragen in vollständigen Sätzen beantworten – Aussagen über die eigene Person formulieren
2	PL/ PA	5′	S führen beim Spiel *music stop* Kennenlerndialoge und benutzen dabei zunächst Fragekärtchen als Hilfestellung.	M1.A2, M2	
3	PL/ PA	5′	S setzen das Spiel ohne Fragekärtchen fort.		
4	EA	5′	S bereiten einen Kurzvortrag über sich vor.	M1.A3	
5	GA	15′	Simultanpräsentation: S stellen sich in Gruppen vor.		
6	PL	5′	Zwei S stellen sich vor der Klasse vor.		

Arbeitsschritte

Unterschiedliche Sozialformen

Hinweise zum Zeitbedarf

Vielfältige Lernaktivitäten und Methodenanwendungen der Schüler

Verweis auf das Material und die Aufgaben in den Kopiervorlagen

Kompetenzen, die die Schüler erwerben können

Notizen:

LS 01 Komplementärtexte zur Bedeutung von Lichtquellen erarbeiten

		Zeit	Lernaktivitäten	Material	Kompetenzen
1	PL	5′	L gibt einen Überblick über den bevorstehenden Ablauf der Stunde.		– sich über physikalische Erkenntnisse austauschen – Fachsprache verwenden – Ergebnisse dokumentieren – mit einem Partner präsentieren – sich in der Gruppe absprechen und einigen
2	EA	5′	S lesen die Infotexte M1 und M2 und machen sich Stichpunkte.	M1.A1 M2.A1	
3	PA	10′	Im Doppelkreis informieren sich die S gegenseitig über die Informationen aus den Infotexten.		
4	GA	15′	In Gruppenarbeit erstellen die S eine Folie.	M1.A2 M2.A2 Folie und Folienstifte	
5	PL	10′	Ein ausgelostes Tandem präsentiert das Ergebnis.	OHP	

Erläuterungen zur Lernspirale

Ziel der Stunde ist die Bewusstmachung der Bedeutung des Lichts und deren Quellen. In einem mehrstufigen Verfahren soll die Herkunft von Licht und dessen Bedeutung für die Beleuchtung, Erwärmung und Informationsvermittlung erarbeitet werden. Außerdem sollen die Begriffe „natürliche" und „künstliche Lichtquelle" unterschieden werden. Als Informationsquelle erhalten die Schüler Komplementärtexte.

Zum Ablauf im Einzelnen:

Im **1. Arbeitsschritt** erläutert der Lehrer das Vorgehen für die folgende Stunde. Er verweist auf das mehrstufige Verfahren. Dazu kann er zum Beispiel Symbolkarten für EA, PA, GA und PL verwenden (siehe S. 19).

Im **2. Arbeitsschritt** erhalten die Schüler einen der beiden Infotexte M1 oder M2. In stiller Einzelarbeit lesen die Schüler ihren Text und machen sich auf einem Spickzettel Notizen. Anschließend bereiten sie sich auf das Doppelkreisgespräch (siehe Infokasten) vor. Erhalten die beiden nebeneinandersitzenden Schüler den gleichen Text, so können sie in der Vorbereitung auf den Doppelkreis ihre Aufzeichnungen vergleichen und ihren Spickzettel ergänzen.

Im **3. Arbeitsschritt** bilden die Schüler mit dem Infotext M1 einen Außenkreis und die Schüler mit dem Infotext M2 den dazugehörigen Innenkreis. In mehreren Runden informieren sich die Schüler mithilfe ihrer Spickzettel gegenseitig über die Inhalte ihrer Texte. Je zwei der abschließend entstandenen Paare bilden eine Gruppe, die im **4. Arbeitsschritt** die Aufgabe erhält, eine Folie zu erstellen. Darauf soll die Bedeutung des Lichts und die unterschiedlichen Arten von Lichtquellen strukturiert festgehalten werden. Jede Gruppe erhält eine Folie und Folienstifte. Der Lehrer sollte hier vor dem Austeilen auf die Anfertigung eines Entwurfes bestehen. Bei Unsicherheiten in den Gruppen kann nach der Entwurfsphase ein Rundgang der Gruppen eingeschoben werden, der Anregungen für die eigene Gruppenarbeit geben kann. Für schwache Gruppen kann auch eine Hilfekarte zur Verfügung gestellt werden.

Im **5. Arbeitsschritt** wird ein Tandem ausgelost, welches das Gruppenergebnis präsentiert. Ergänzend kann ein zweites Team sein Ergebnis vorstellen.

Info Doppelkreis
Die Schüler bilden einen Stehkreis, der aus einem Außen- und einem Innenkreis besteht. Dabei sollten sich die Zufallspartner gegenüberstehen. Nun rückt der Innenkreis zwei Schüler weiter. Der Innenkreis erzählt dem Vertreter des Außenkreises die Inhalte seines Infotextes und umgekehrt. Durch Rotation des Innen- bzw. Außenkreises entstehen neue Partnerkonstellationen. Das Weiterrücken des Innen- bzw. Außenkreises kann durch ein akustisches Signal bestimmt werden.

✓ Merkposten

Wenn Sie die Infotexte auf der Rückseite nummerieren, können die Schüler für die Doppelkreisgespräche leichter zugeordnet werden.

Tipp

Der Lehrer kann, passend zu den Infotexten, Bilder auf dem Overheadprojektor zeigen.

Als Spickzettel können den Schülern kleine Zettel ausgeteilt werden.

Notizen:

01 Komplementärtexte zur Bedeutung von Lichtquellen

LS 01.M1

Wozu brauchen wir überhaupt Licht?	a

Licht kommt stets von einer Lichtquelle. Diese sendet Licht aus. Unsere größte und wichtigste Lichtquelle ist die Sonne. Ohne das natürliche Sonnenlicht wäre es auf der Erde dunkel und bitterkalt. Die Sonne dient also sowohl der Beleuchtung als auch der Erwärmung.
Für diese beiden Zwecke hat sich der Mensch weitere, künstliche, Lichtquellen geschaffen. Ohne eine Glühlampe könntest du im Winter schon recht früh nichts mehr sehen und müsstest ins Bett. Eine Rotlicht-Lampe dagegen erhellt den Raum nicht, sorgt aber für ausreichend Wärme, zum Beispiel bei der Aufzucht von Schweinen. Doch manche Lichtquellen dienen weder der Beleuchtung noch der Erwärmung, sondern nur der Information. Beispiele dafür sind Leuchtreklamen, Kontrolllampen an Geräten oder Ampelanlagen.
Sicher findest du für alle drei Bedeutungen des Lichts weitere Beispiele.

A1 Lies den Text aufmerksam durch. Markiere Wichtiges und fertige einen Spickzettel an!

A2 Besprecht euch in der Gruppe und entwerft eine Zusammenfassung zu beiden Texten. Fertigt eine Folie an. Bereitet euch anschließend auf eine Präsentation vor.

LS 01.M2

Wo kommt das Licht überhaupt her?	b

Licht kommt stets von einer Lichtquelle. Diese sendet Licht aus. Lässt man das Licht nicht ins Zimmer, ist es dunkel. Das Tageslicht stammt von der Sonne. Sie ist unsere größte und wichtigste Lichtquelle. Nachts sehen wir ebenfalls Lichtquellen am Himmel, die Sterne. Diese leuchten jedoch viel schwächer als die Sonne. Der Mond ist keine Lichtquelle. Er leuchtet, weil er von der Sonne angestrahlt wird. Außer der Sonne und den Sternen gibt es noch andere, natürliche Lichtquellen, zum Beispiel Vulkane oder Blitze. In unserer Umwelt finden wir aber auch lebendige Lichtquellen, so zum Beispiel das Glühwürmchen, den Tintenfisch, leuchtende Pilze oder den Anglerfisch.
Diese natürlichen Lichtquellen kann man nicht immer benutzen oder sie sind nicht immer verfügbar, wenn man sie gerade braucht. Um von ihnen unabhängig zu sein, hat der Mensch künstliche Lichtquellen geschaffen. In verschiedenen Lampen kann man Öl, Petroleum oder Gas verbrennen. Auch die Kerze ist eine künstliche Lichtquelle. Heute benutzen wir hauptsächlich Glühlampen, Halogenleuchten oder LED-Lichtquellen.
Sicher findest du für Lichtquellen weitere Beispiele.

A1 Lies den Text aufmerksam durch. Markiere Wichtiges und fertige einen Spickzettel an!

A2 Besprecht euch in der Gruppe und entwerft eine Zusammenfassung zu beiden Texten. Fertigt eine Folie an. Bereitet euch anschließend auf eine Präsentation vor.

LS 02 Memory zu den Lichtquellen spielen

		Zeit	Lernaktivitäten	Material	Kompetenzen
1	PL	5′	L gibt einen Überblick über den bevorstehenden methodischen und inhaltlichen Ablauf der Stunde.		– fachsprachlicher Austausch über physikalische Erkenntnisse – Ergebnisse dokumentieren, präsentieren und diskutieren – Lichtquellen einteilen und zuordnen
2	GA	10′	S spielen Memory nach den bekannten Regeln.	M1	
3	PA	5′	S tauschen sich über Inhalte der Paare aus.		
4	EA	10′	S erstellen eine Tabelle für künstliche und natürliche Lichtquellen.		
5	GA	10′	S vergleichen und ergänzen ihre Aufzeichnungen.		
6	PL	5′	Präsentation der Ergebnisse.	M2	

Erläuterungen zur Lernspirale

Ziel der Stunde ist es, den Schülern die Unterscheidung zwischen künstlichen und natürlichen Lichtquellen bewusst zu machen. Diese Lernspirale kann ergänzend zu LS 01 verwendet werden. Die Schüler sollen nach dem Memoryspiel eine Tabelle erstellen, in der die Lichtquellen sortiert aufgeschrieben werden. Beim Vergleich mit den Mitschülern muss argumentiert werden. Die Präsentation kann mithilfe des Overheadprojektors erfolgen.

Zum Ablauf im Einzelnen:
Im **1. Arbeitsschritt** erfahren die Schüler, welcher Ablauf für die folgende Stunde geplant ist. Die einzelnen Schritte können stichpunktartig an der Tafel festgehalten werden. Abschließend werden Gruppen von je vier Schülern gebildet. Jede Gruppe erhält ein Memory (bestehend aus 48 Teilen), welches im **2. Arbeitsschritt** nach den bekannten Regeln gespielt wird.

Je zwei Schüler der Gruppe tauschen sich im **3. Arbeitsschritt** über ihre gewonnen Paare aus und überlegen sich, um welche Art der Lichtquelle es sich handelt, suchen Argumente zur Begründung und überlegen, wie dies schriftlich festgehalten werden kann.

Im **4. Arbeitsschritt** erstellt jeder Schüler in Einzelarbeit eine Tabelle für künstliche und natürliche Lichtquellen.

Im **5. Arbeitsschritt** arbeiten die Gruppen wieder gemeinsam. Die Ergebnisse werden gegenseitig vorgestellt und ergänzt, sodass jeder Schüler der Gruppe die Beispiele des Memorys zuordnen kann.

Im **6. Arbeitsschritt** wird ein Tandem ausgelost, welches die Ergebnisse am Overheadprojektor präsentiert. Als Hilfsmittel dient M2 (siehe Merkposten).

✓ Merkposten

Memory (M1) in halber Klassenstärke vorbereiten.

M2 sollte auf Folie kopiert und entlang der gestrichelten Linien ausgeschnitten werden.

Notizen:

02 Memory zu den Lichtquellen spielen

Die **Kerze** war im Mittelalter ein gebräuchliches Hilsmittel. Sie wurde benutzt, um auch bei Nacht noch Licht im Raum zu haben.

Kerze

Ein Hilfsmittel zum Feuer machen heißt **Feuerstein**, wie die bekannte Comicfigur.

Feuerstein

Kienspan war aus Kiefernholz. Man nutze es im Mittelalter.

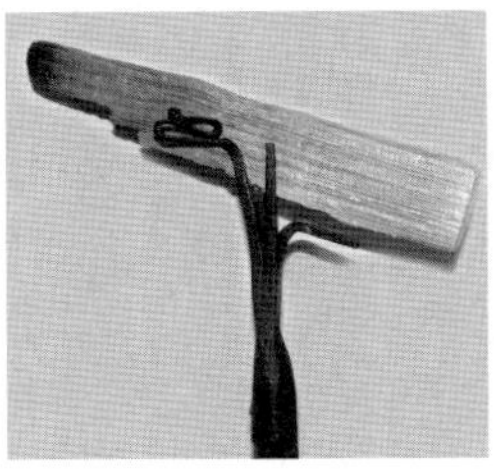

Kienspan

Die **Öllampe** stammt aus dem Orient. In diesem Gerät wurde Öl verbrannt.

Öllampe

Petroleumleuchten wurden noch vor circa 100 Jahren genutzt, um Zimmer und Straßen zu beleuchten.

Petroleumleuchte

Pyrit nutzt man zum Feuer machen. In ihm ist Schwefel enthalten.

Pyrit

Die **Ampel** gibt Menschen auf der ganzen Welt Lichtsignale.

Ampel

Etwas Gas, ein kleiner Feuerstein und etwas Reibung – fertig ist das **Feuerzeug**.

Feuerzeug

Dieser **Tintenfisch** leuchtet in den Tiefen des Meeres.

Tintenfisch

Vulkane sind eine mächtige Lichtquelle, wenn sie gerade aktiv sind und Feuer spucken.

Vulkan

Die **Schreibtischlampe** ist ein wichtiges Arbeitsmittel, damit Schul-/Büroarbeit auch noch zu später Stunde erledigt werden kann.

Schreibtischlampe

Die **Taschenlampe** sorgt auch ohne Steckdose zu jeder Zeit für Licht.

Taschenlampe

Das Licht des **Schweißgerätes** ist so hell, dass man die Augen mit einem Schirm davor schützen muss.

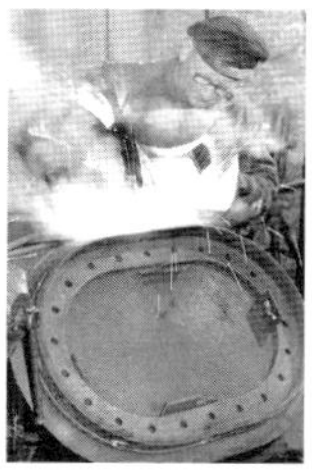

Schweißgerät

Eine **beleuchtete Stadt** im Dunkeln – Welche Lichtquelle siehst du hier?

Beleuchtete Stadt

Wenn man an Silvester ein **Feuerwerk** in den Nachthimmel schießt, erblickt man eine beeindruckende Lichtquelle.

Feuerwerk

Auch wenn er leuchtet, ist der **Mond** keine Lichtquelle. Er wird nur von der Sonne angestrahlt.

Mond

Das **Polarlicht** ist ein beeindruckendes Naturspektakel.

Polarlicht

Glühwürmchen erkennt man nachts am leuchtenden Hinterteil.

Glühwürmchen

Der **Laser** bündelt Licht. In der Medizin nutzt man ihn, um Augenfehler zu korrigieren.

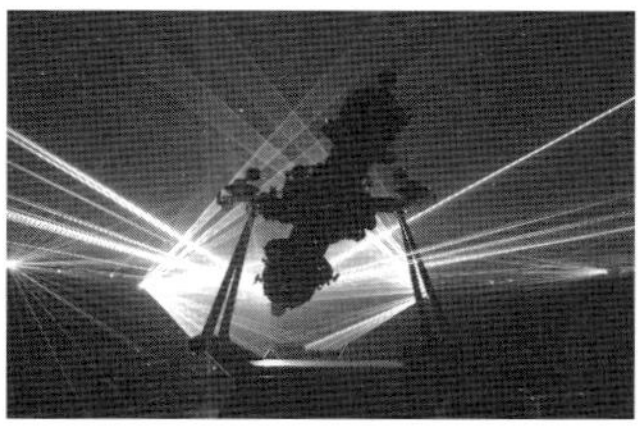

Laser

Der **Anglerfisch** oder Seeteufel zählt zu den Lichtquellen, da er im tiefen Meer leuchten kann.

Anglerfisch

Die **Glühlampe** ist eine wichtige Lichtquelle, die in jedem Haushalt zu finden ist.

Glühlampe

Der **Leuchtstab** (oder auch Knicklicht genannt) ist ein chemisches Leuchtmittel.

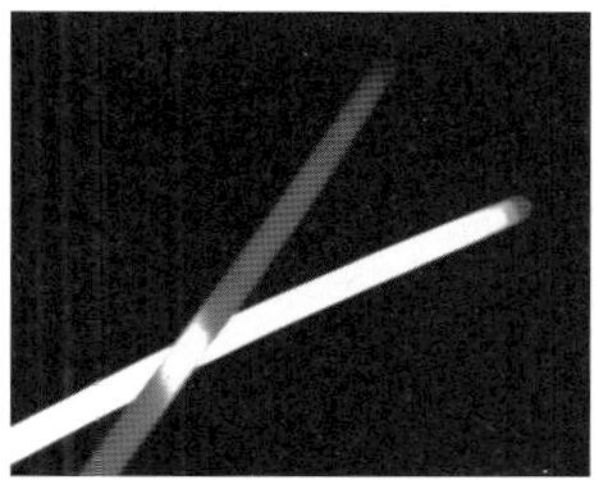

Leuchtstab

Bei einem Gewitter entstehen **Blitze** – gewaltige Lichtquellen.

Blitz

Die **Sonne** ist die mächtigste Lichtquelle. Ohne sie gäbe es kein Leben auf der Erde.

Sonne

Natürliche Lichtquellen	Künstliche Lichtquellen	Keine Lichtquellen

Polarlicht	Sonne	Anglerfisch	Glühlampe
Glühwürmchen	Kerze	Laser	Beleuchtete Stadt
Feuerstein	Kienspan	Öllampe	Petroleumleuchte
Pyrit	Ampel	Feuerzeug	Feuerwerk
Tintenfisch	Schreibtischlampe	Taschenlampe	Schweißgerät
Leuchtstab	Mond	Blitz	Vulkanausbruch

LS 03 In Freihandexperimenten die Ausbreitung des Lichts erkunden

		Zeit	Lernaktivitäten	Material	Kompetenzen
1	PL	5′	L gibt einen Überblick über den bevorstehenden methodischen und inhaltlichen Ablauf der Stunde.		- Experimente zu den Lichteigenschaften planen, durchführen und auswerten - Ergebnisse diskutieren - sich in der Gruppe einigen
2	PL	5′	L liest zur Einstimmung die Geschichte der Schildbürger vor.	M1	
3	GA	20′	S führen eines der drei Experimente durch.	M2, Lampen, Gummischlauch, Pappkarton, Blenden	
4	GA	15′	S erklären in Stammgruppen die durchgeführten Experimente und die gewonnenen Erkenntnisse.		
5	PL	10′	Ausgeloste S präsentieren ihre Experimente.		
6	EA	10′	S füllen einen Lückentext aus.	M3	
7	PA	15′	S vergleichen ihre Ergebnisse und erarbeiten einen kurzen Vortrag.		
8	PL	10′	Präsentation des Vortrags nach Zufall.		
9	EA		Hausaufgabe		

Erläuterungen zur Lernspirale

Ziel der Doppelstunde ist die Erarbeitung der Ausbreitungseigenschaften des Lichts und die Nutzung dieser Erkenntnisse (zum Beispiel in der Technik). Die Schüler sollen einfache Experimente durchführen, beobachten und auswerten. Abschließend sollen sie ihre Erkenntnisse in einem Vortrag unter Beweis stellen und ihr Wissen in einer abschließenden Frage als Hausaufgabe anwenden.

Zum Ablauf im Einzelnen:
Im **1. Arbeitsschritt** erläutert der Lehrer das methodische Vorgehen für die folgende Doppelstunde. Er stellt dabei die Geräte und Gegenstände vor, die in den Experimenten benutzt werden sollen.

Anschließend liest der Lehrer im **2. Arbeitsschritt** die Geschichte der Schildbürger (M1) vor. Mit ihr kann eine Eigenschaft des Lichts bewusst gemacht werden – Licht kann man nicht anfassen. Nach einigen spontanen Äußerungen der Schüler zur Geschichte kann auf die Experimente übergeleitet werden, die sich um weitere Eigenschaften des Lichts drehen.

Im **3. Arbeitsschritt** werden Paare durch Losverfahren gebildet. Dies kann durch ein Kartenspiel oder durch Memorykarten geschehen. Den Paaren wird je eine der Experimentierkarten (M2) gegeben. Die Experimente werden durchgeführt und Fragen dazu im Tandem schriftlich beantwortet.

Im **4. Arbeitsschritt** werden Experten-Trios gebildet. In jeder Gruppe befindet sich jetzt ein Experte für eines der Experimente. Nacheinander demonstrieren die Schüler ihr Experiment und die gewonnen Erkenntnisse.

Für den **5. Arbeitsschritt** werden drei Schüler ausgelost, die die Experimente vor der Klasse vorführen. Unklarheiten und offene Fragen können an dieser Stelle geklärt werden.

Für den **6. Arbeitsschritt** erhalten die Schüler einen Lückentext, in dem sie die Eigenschaften des Lichts in Einzelarbeit eintragen.

Im **7. Arbeitsschritt** vergleichen die Sitznachbarn ihre Ergebnisse aus dem Lückentext und planen einen kurzen Vortrag über die Eigenschaften der Lichtausbreitung.

Im **8. Arbeitsschritt** trägt ein ausgeloster Schüler seinen Vortrag im Plenum vor. Dieser kann einen zweiten Schüler zur Unterstützung auswählen.

Als **9. Arbeitsschritt** kann eine Hausaufgabe folgen, in der die Schüler die folgende Frage schriftlich beantworten sollen:

Wie kann man mithilfe des Lichts einen Tunnel durch einen Berg graben, der „schnurgerade" sein soll?

✓ Merkposten

Die 3 Freihandexperimente werden je viermal auf DIN-A4-Blätter kopiert und laminiert.
Für die Bearbeitung der Stationen sollte das Material für jede Gruppe bereitliegen.
Der Raum sollte während des dritten und vierten Arbeitsschrittes etwas abgedunkelt sein.

03 In Freihandexperimenten die Ausbreitung des Lichts erkunden

Die Bürger von Schilda

Es gab vor langer Zeit einen Ort namens Schilda. Seine Bewohner wurden, wie sollte es anders sein, Schildbürger genannt. Die Schildbürger glaubten von sich, die gebildetsten und schlauesten Menschen der Welt zu sein. Eines Tages beschlossen sie, ein neues Rathaus zu bauen. Ihres war schon mächtig alt, kaputt und außerdem viel zu klein. Alle halfen natürlich tüchtig mit und bald war das neue Rathaus fertig. Ein Richtfest sollte stattfinden und darum trafen sich alle Schildbürger im Rathaus, um zu feiern.

Doch was mussten sie feststellen? Es war viel zu dunkel. Sie hatten vergessen, Fenster in die Mauern einzubauen. Da hielten die Schildbürger Rat, was zu tun sein. Am nächsten Morgen kamen sie mit großen Stoffsäcken auf den Marktplatz gelaufen, um das Licht einzufangen, was die Sonne den ganzen Tag aussendete. Schnell banden sie den Sack zu und trugen ihn ins Rathaus, um das Licht dort wieder herauszulassen. Doch was mussten die Schildbürger da feststellen? Offenbar hatten ihre Stoffsäcke kleine Löcher, durch die die Sonnenstrahlen hinaus konnten, denn als sie im Inneren des Rathauses das Licht hinauslassen wollten, war keines mehr da.

Experiment 1

A1 Führt den abgebildeten Versuch nacheinander durch!

A2 Beobachtet euch gegenseitig. Wie wird der Gummischlauch gehalten, wenn die Kerze gesehen werden soll?

A3 Welche Eigenschaft des Lichts kannst du daraus ableiten?

Experiment 2

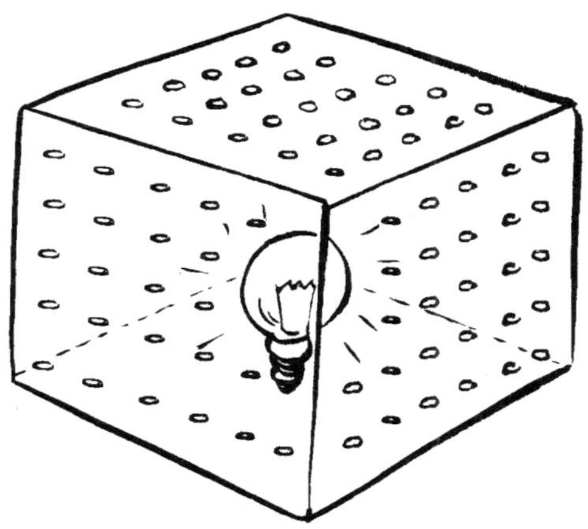

A1 Betrachtet die Abbildung genau und stellt das Experiment nach.

A2 Durch welche Öffnungen kann das Licht nach außen dringen?

A3 Welche Eigenschaft des Lichts kannst du daraus ableiten?

Experiment 3

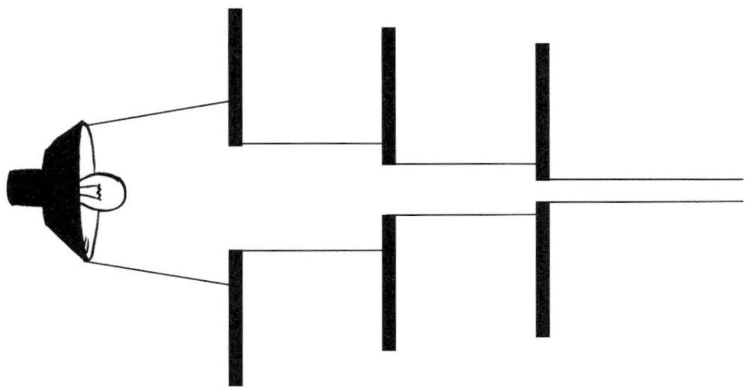

A1 Betrachtet die Abbildung genau und stellt das Experiment nach.

A2 Wie breitet sich das Licht aus?

A3 Welche Eigenschaft des Lichts kannst du daraus ableiten?

Entscheide dich beim Lesen des Textes für die richtige „Füllung“ und schreibe sie auf! Schneide anschließend den Text aus und klebe ihn in dein Heft.

Wie sich Licht ausbreitet

Das Licht breitet sich nach ______________ Seiten hin ______________ aus.

Oft kann sich Licht nicht ______________ ausbreitet:

Licht, das z. B. aus einer Experimentierleuchte austritt, wird zum Teil durch das ______________ der Leuchte abgeschirmt. Nur nach ______________ kann es die Experimentierleuchte verlassen. Durch ______________ kann man den Lichtkegel immer enger machen – er bleibt aber immer noch ein Lichtkegel oder ______________. Unter einem Lichtstrahl versteht man in der Physik eine sehr feine ______________, die gar keinen Durchmesser mehr hat – also eine „gedachte Linie“.

Wir verwenden ______________, um den Verlauf von Lichtbündeln zu zeichnen. Oft reicht es dabei aus, nur den ______________ Strahl zu zeichnen.

einer/allen

geradlinig/krummlinig

durchgängig/ungehindert

Licht/Gehäuse

hinten/vorne

Blenden/Lichtkegel

Blenden/Lichtbündel

Linie/Schnur

Gehäuse/Strahlen

linken/mittleren

LS 04 Eine Thesenbewertung zur Frage „Wie wir sehen“ durchführen

		Zeit	Lernaktivitäten	Material	Kompetenzen
1	PL	5′	L gibt einen Überblick über den bevorstehenden methodischen und inhaltlichen Ablauf der Stunde.		– Phänomene beschreiben und auf bekannte physikalische Zusammenhänge zurückführen – Modellvorstellungen zum Lichtstrahl festigen und anwenden – fachlich argumentieren
2	EA	5′	S führen eine Thesenbewertung durch.	M1	
3	GA	5′	S nehmen zu ihrer Bewertung Stellung.		
4	EA	10′	S lesen die physikalische Erklärung zum Sehen und markieren Schlüsselwörter .	M2.A1	
5	PA	10′	S formulieren in PA Argumente für oder gegen die Thesen.	M2.A2	
6	PL	10′	S argumentieren vor der Klasse.		

Erläuterungen zur Lernspirale

Ziel der Stunde ist es, die wissenschaftliche Argumentationsfähigkeit der Schüler zu schulen. Sie sollen Aussagen aus der Geschichte der Physik kritisch hinterfragen und eine einfache Argumentationskette erstellen.

Zum Ablauf im Einzelnen:
Im **1. Arbeitsschritt** erläutert der Lehrer den Verlauf der Stunde. In der Überleitung zum **2. Arbeitsschritt** wird M1 an die Schüler verteilt. Mithilfe der bisherigen Erfahrungen sollen die Schüler die vier Thesen bewerten.

Im **3. Arbeitsschritt** vertreten die Schüler ihre Meinung gegenüber einem Partner. Gemeinsam überlegen sie, wie die These bewiesen, begründet oder widerlegt werden kann.

Unterstützend dazu lesen die Schüler im **4. Arbeitsschritt** einen Text (M2) zum Thema „Wie wir sehen“. Hier sollen die Schüler wichtige Schlüsselwörter in Einzelarbeit unterstreichen (M2. A1).

In Partnerarbeit tauschen die Schüler im **5. Arbeitsschritt** ihre Erkenntnisse aus und formulieren gemeinsam eine Argumentation nach dem 5-Satz-Schema (siehe Infokasten). Zur Unterstützung nutzen die Schüler dafür die Vorlage aus Aufgabe M2.A2.

Im **6. Arbeitsschritt** tragen mindestens vier Schüler zu je einer These ihre Argumentation vor der Klasse vor.

Info 5-Satz-Schema
Ein Baugerüst aus fünf Sätzen soll für die Schüler als Plan dienen, nach dem sie argumentieren können. Im ersten Satz soll die These erläutert und deren Bedeutung hervorgehoben werden. In den Sätzen 2–4 werden Argument, Beispiel und Begründung dargestellt. Im fünften Satz folgt eine Zusammenfassung des Ergebnisses und die eigene Meinung zur These.

Notizen:

04 Eine Thesenbewertung zur Frage „Wie wir sehen" durchführen

Beurteile die folgenden Thesen		**Ich stimme zu**	**Ich stimme nicht zu**
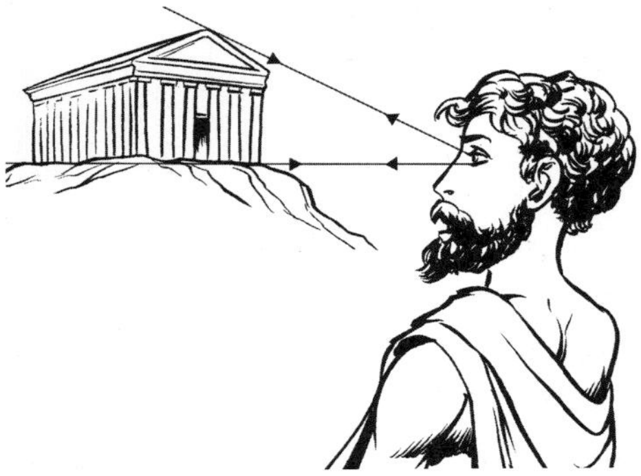	Vom Auge werden Sehstrahlen ausgesendet. Sie tasten einen Gegenstand ab und wir können diesen dann sehen.		
	Der Mond ist eine Lichtquelle. Deshalb leuchtet er in der Nacht und wir können ihn sehen.		
	Erst wenn die Sonne einen Körper anleuchtet und die Strahlen anschließend in unser Auge treffen, können wir den Körper sehen.		
	Ich kann Sonnenstrahlen sehen, wenn sie durch Bäume auf die Erde treffen.		

A1

Lies den Text und unterstreiche wichtige Schlüsselwörter.

Wie wir sehen

Das beeindruckende Bild der Erde, die vom Mond aus zu sehen ist, beweist, dass wir nur Körper sehen können, die von der Sonne angeleuchtet werden. Auch den Mond können wir nur sehen, weil er von der Sonne angeleuchtet wird. Die Sonnenstrahlen treffen dann in unser Auge. Das leere Weltall rund um den Mond und die Erde können wir nicht sehen, es ist schwarz.
Menschen sowie die meisten Gegenstände leuchten nicht selbst. Um sie sehen zu können, müssen sie von einer Lichtquelle angeleuchtet werden. Die beleuchteten Gegenstände werfen das Licht unterschiedlich stark zurück. Sie streuen das Licht. Erst wenn das Streulicht in unser Auge fällt, können wir die Gegenstände sehen. Treffen Lichtstrahlen auf Nebeltröpfchen oder Staubkörner, gelangt Streulicht in unser Auge. Wir sehen also die Lichtstrahlen nur scheinbar. In Wirklichkeit sehen wir die Staubkörner und Nebeltröpfchen, die den Weg der Lichtstrahlen kreuzen.

A2

Suche im Text Argumente oder Beispiele, um deine Thesenbewertung zu stützen. Vielleicht änderst du deine Meinung.

Um welche These geht es?

____

____

1. Argument:	Beispiel oder 2. Argument:	Beispiel/Begründung:
____________	____________	____________
____________	____________	____________
____________	____________	____________
____________	____________	____________

Deine Meinung:

____

____

____

____

LS 05 Über die Lichtdurchlässigkeit von Stoffen ein Tafelbild entwerfen

		Zeit	Lernaktivitäten	Material	Kompetenzen
1	PL	5′	L gibt einen Überblick über den bevorstehenden methodischen und inhaltlichen Ablauf der Stunde.	M1	– Vermutungen äußern und begründen – sich in der Gruppe einigen – gewonnene Informationen auswerten – allgemeine Aussagen aus experimentellen Informationen ableiten – Informationen zusammenfassen, visualisieren, präsentieren
2	EA	5′	S sortieren vorgegebene Körper nach ihrer Lichtdurchlässigkeit.	Papiere und Stoffe in kleinen Tüten	
3	PA	10′	S tauschen ihre Einschätzungen in PA aus und überprüfen diese im Experiment.	Taschenlampe	
4	GA	15′	Tandems vergleichen ihre Ergebnisse des Experiments in GA und formulieren mithilfe von Applikationen einen Merksatz.	M3	
5	PL	10′	Zufallstandems präsentieren ihre Ergebnisse.	M2	

✓ Merkposten

In den kleinen Tüten befinden sich zum Beispiel kleine Proben von Holz, Plexiglas, Transparentpapier, Folie, Klopierpapier, Karton, Leinen, Baumwolle, Seide, …

M1 sollte für den Arbeitsschritt 5 vergrößert und anschließend entlang der Linien ausgeschnitten und laminiert werden.

Tipp:
Symbolkarten für EA, PA, GA und PL für eine bessere Orientierung der Schüler vorbereiten und an die Tafel heften; die Karten können laminiert und auch für andere Lernspiralen verwendet werden.

Erläuterungen zur Lernspirale

Ziel der Stunde ist die Erkenntnis, dass hinter undurchsichtigen Körpern Schattenräume entstehen. Die Gruppierung der Körper nach „durchscheinend", „durchsichtig" und „undurchsichtig" trägt dazu bei. Die Schüler sollen ihre Vermutungen durch ein kleines Experiment beweisen und abschließend ein Tafelbild zu den Erkenntnissen der Stunde entwickeln.

Zum Ablauf im Einzelnen:
Im **1. Arbeitsschritt** verweist der Lehrer auf die einzelnen Schritte der Lernspirale. Er stellt dazu im Vorfeld das Material und die Arbeitsmittel für diese Stunde bereit. Der Verlauf kann mit Symbolkarten (M1) für EA, PA und GA an der Tafel dargestellt werden.

Im **2. Arbeitsschritt** werden die Materialtüten (siehe Merkposten) an die Schüler verteilt. Die Schüler sollen vorerst ohne Hilfsmittel die vorgegebenen Papiere und Stoffe nach ihrer Lichtdurchlässigkeit sortieren.

Sie sollen im **3. Arbeitsschritt** einem Partner gegenüber begründen können, warum sie sich so entschieden haben. Zur Unterstützung können den Schülern die Begriffe „durchsichtig", „undurchsichtig" und „durchscheinend" als Argumentationshilfen gegeben werden. Die Partner sollen sich einigen und eine gemeinsam akzeptierte Reihenfolge festlegen. Anschließend können sie mithilfe einer Taschenlampe ihre Einschätzung überprüfen.

Im **4. Arbeitsschritt** vergleichen zwei Tandems ihre Ergebnisse. Zusätzlich erhalten sie die Aufgabe, in der Gruppe ein Tafelbild zu entwerfen. Das Tafelbild soll einen Merksatz und eine Tabelle mit Beispielen zur Lichtdurchlässigkeit von Körpern enthalten. Zur Hilfe bzw. Differenzierung kann jede Gruppe Zusatzmaterial (M3) erhalten. Es sollte vom Lehrer im Vorfeld kopiert und zerschnitten werden. In einem Briefumschlag erhalten die Gruppen zum einen die Applikationen, um den Merksatz zu bilden, und zum anderen Beispiele für die Tabelle. Die Inhalte der Kopfzeile müssen die Schüler selbst finden.

Als Variation zum 4. Arbeitsschritt können starke Klassen ein Tafelbild ohne Applikationen erstellen. Sie erhalten nur die Information, dass ein Merksatz und Beispiele im Tafelbild enthalten sein sollen.

Im **5. Arbeitsschritt** wird vom Lehrer ein Tandem ausgelost, welches das Ergebnis der Gruppe im Plenum präsentiert. Dazu können die Applikationen von M2 genutzt werden.

Notizen:

05 Über die Lichtdurchlässigkeit von Stoffen ein Tafelbild entwerfen

LS 05.M1 Symbolkarten

EA	PA
GA	PL

LS 05.M2 Mögliches Tafelbild

Lichtdurchlässigkeit

Man unterscheidet durchsichtige, durchscheinende und undurchsichtige Körper. Während das Licht durchsichtige Körper durchdringt, entsteht hinter undurchsichtigen Körpern ein Schattenraum.

durchsichtige Körper	**durchscheinende Körper**	**undurchsichtige Körper**
Frischhaltefolie	Tischdecke	Aluminiumrollo
einfache Glasscheibe	Seidenschal	Jeanshose
Brillenglas	Plastiktüte	Lampe
CD-Hülle	Milchglasscheibe	Holzbrett
	Stoffjalousie	Buch
	Transparentpapier	

Man	**unterscheidet**	**durchsichtige,**
durchscheinende	**und**	**undurchsichtige**
Körper.	**Während**	**das Licht**
durchsichtige	**Körper**	**durchdringt,**
entsteht	**hinter**	**undurchsichtigen**
Körpern	**ein**	**Schattenraum.**

Tischdecke	Seidenschal	Plastiktüte
Frischhaltefolie	einfache Glasscheibe	Aluminiumrollo
Jeanshose	Milchglasscheibe	Stoffjalousie
Lampe	Holzbrett	Transparentpapier,
Brillenglas	CD-Hülle	Buch

LS 06 Zeichnungen zur Schattenbildung anfertigen

		Zeit	Lernaktivitäten	Material	Kompetenzen
1	PL	5′	L gibt einen Überblick über den bevorstehenden methodischen und inhaltlichen Ablauf der Stunde.		– Austausch über physikalische Erkenntnisse zur Lichtausbreitung und deren Anwendung – physikalische Modelle zur Darstellung der Schattenbildung nutzen – eine Versuch planen, durchführen und auswerten
2	EA	5′	S bearbeiten in EA M1 und formulieren Begründungen für ihre Entscheidung.	M1	
3	PA	10′	Gegenüber einem Partner begründen die S ihre Entscheidung.		
4	PL	15′	Ausgeloste Tandems stellen ihre Ergebnisse im Plenum vor.		
5	PA	10′	In PA äußern die S Vermutungen zur Schattenbildung bei zwei Lichtquellen und planen dazu einen Versuch.		
6	GA	30′	Gruppen einigen sich, führen den Versuch durch und überprüfen die Vermutungen.	Lichtquelle, undurchsichtige Körper	
7	EA	15′	In EA zeichnen die S verschiedene Schattenbilder.	M2	

Erläuterungen zur Lernspirale

Ziel der Doppelstunde ist die Darstellung von Schattenzeichnungen durch die Schüler. Dabei sollen die Schüler ihre Kenntnisse über die Eigenschaften von Licht nutzen, sich im Zeichnen von Schattenbildern üben und Vermutungen anstellen, wie diese bei zwei Lichtquellen aussehen. Ihre Vermutungen sollen in einem Experiment überprüft werden.

Zum Ablauf im Einzelnen:
Im **1. Arbeitsschritt** erläutert der Lehrer das inhaltliche und methodische Vorgehen der bevorstehenden Doppelstunde. Dies kann durch eine Übersicht mittels Overheadfolie geschehen.

Im **2. Arbeitsschritt** erhalten die Schüler das Arbeitsblatt M1. Das Vorwissen der Schüler hilft bei der Entscheidung, ob die abgebildeten Schattenbilder richtig oder falsch sind. Sie sollen ihre Begründungen notieren und diese im Gespräch mit einem Partner im **3. Arbeitsschritt** vorbringen. Diese Begründungen beinhalten in erster Linie die geradlinige Ausbreitung des Lichts, das Zeichnen eines Lichtbündels, um den Strahlenverlauf darzustellen und die Tatsache, dass die Lichtdurchlässigkeit Einfluss auf die Schattenbildung hat.

Im **4. Arbeitsschritt** wird ein Tandem ausgelost, welches die Ergebnisse im Plenum präsentiert. Dieser Schritt kann durch die Berichtigung der fehlerhaften Zeichnungen erweitert werden. Dazu erhält eine Gruppe (bestehend aus zwei Tandems) eine vergrößerte Kopie (DIN A3) des Arbeitsblatts M1. Hierauf sollen die Verbesserungen eingezeichnet werden. Die Ergebnisse werden anschließend im Plenum vorgestellt.

Die Tandems bleiben für den **5. Arbeitsschritt** erhalten. Jetzt sollen Vermutungen über die Schattenbildung bei zwei Lichtquellen geäußert werden. Außderdem ist dazu ein Versuchsaufbau zu planen. Vorschläge der Tandems können an der Tafel festgehalten werden. Anschließend werden die Schüler aufgefordert, Ihre Vermutung aufzuschreiben und den Versuchaufbau aufzuzeichnen.

Im **6. Arbeitsschritt** einigen sich die Schüler in Gruppen, bestehend aus zwei Tandems, auf einen Versuchaufbau und führen den Versuch durch. Dazu sollten die Schüler ihre Versuchsanordnung auf einem Zeichenblatt aufbauen. So können die Umrisse der Lichtquellen des undurchsichtigen Körpers, und nach dem Einschalten die Randstrahlen der Lichtbündel, direkt übertragen werden. Abschließend zu diesem Arbeitsschritt sollten die Schüler Zeit erhalten, ihre Vermutungen mit dem Ergebnis zu überprüfen, um diese schriftlich zu bestätigen oder zu widerlegen.

Ergänzend können die Versuchergebnisse aller Gruppen ausgelegt werden und die Schüler betrachten diese in einem „Museumsrundgang".

Noch offene Fragen können im Plenum geklärt werden, bevor die Schüler im **7. Arbeitsschritt** in Einzelarbeit Zeichenaufgaben lösen, bei denen Schattenbilder mit zwei Lichtquellen zu zeichnen sind.

Tipp:
Alle Schüler der Gruppe sollen das Versuchsergebnis aufzeichnen.

06 Zeichnungen zur Schattenbildung anfertigen

Entscheide, ob die gezeichneten Schattenbilder richtig oder falsch sind. Begründe deine Entscheidung!

1 ☐ richtig ☐ falsch

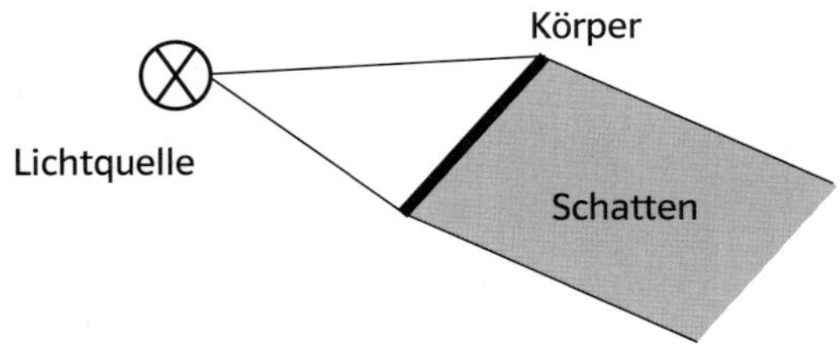

Begründung:

____

____

____

2 ☐ richtig ☐ falsch

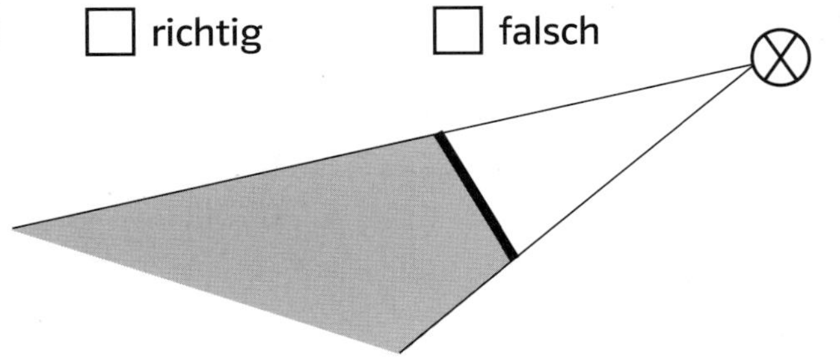

Begründung:

____

____

____

3 ☐ richtig ☐ falsch

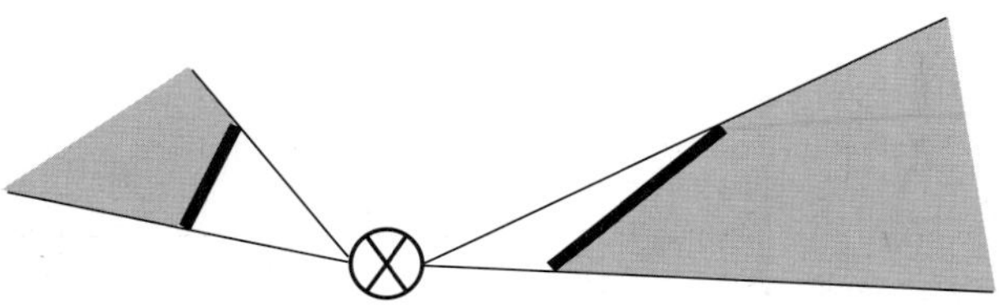

Begründung:

____

____

____

4 ☐ richtig ☐ falsch

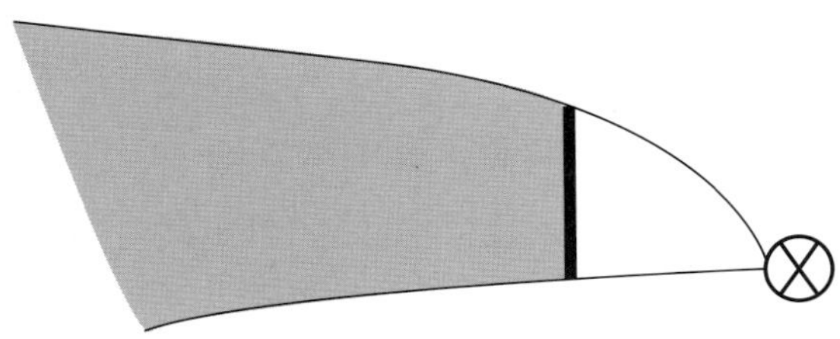

Begründung:

____

____

____

5 ☐ richtig ☐ falsch

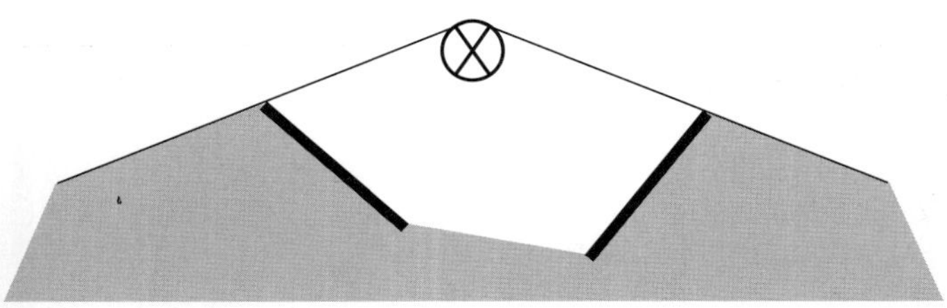

Begründung:

____

____

____

6 ☐ richtig ☐ falsch

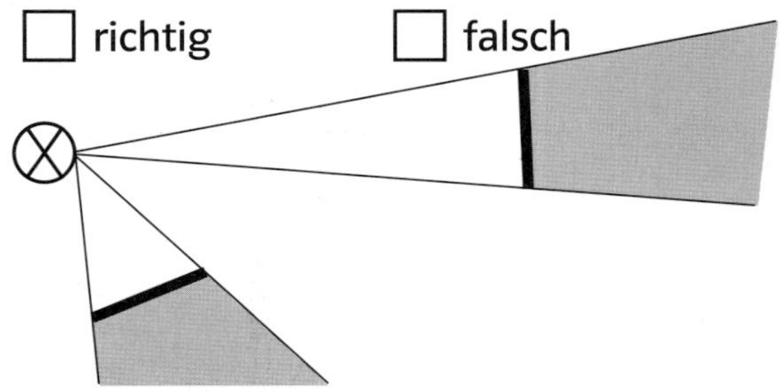

Begründung:

____

____

____

Zeichne den Schatten ein! Begründe deine Entscheidung!

1 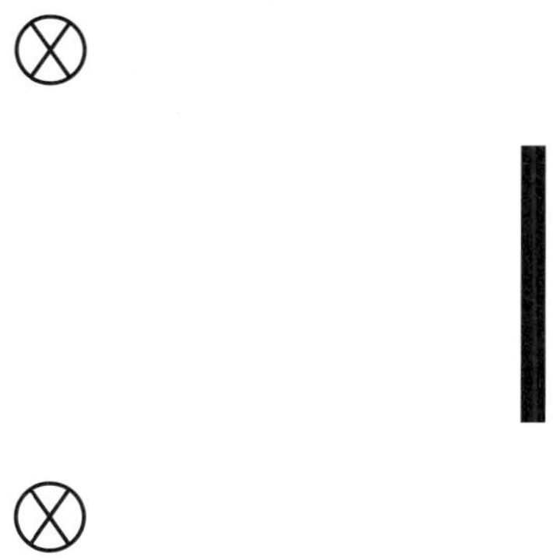	Begründung:
2 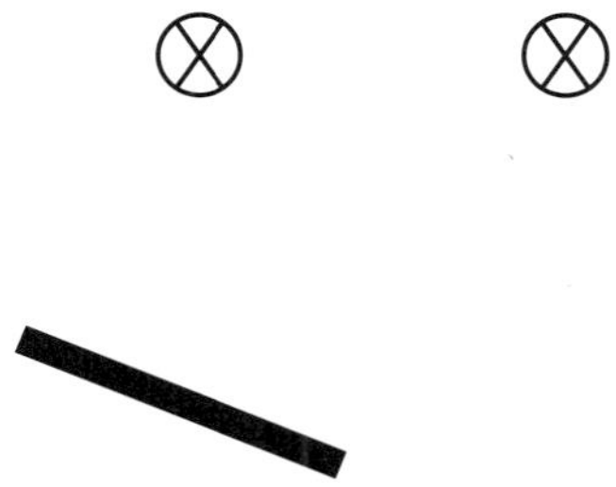	Begründung:
3 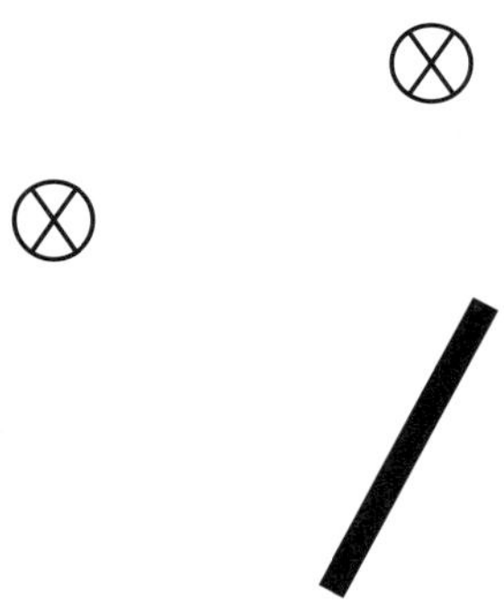	Begründung:
4 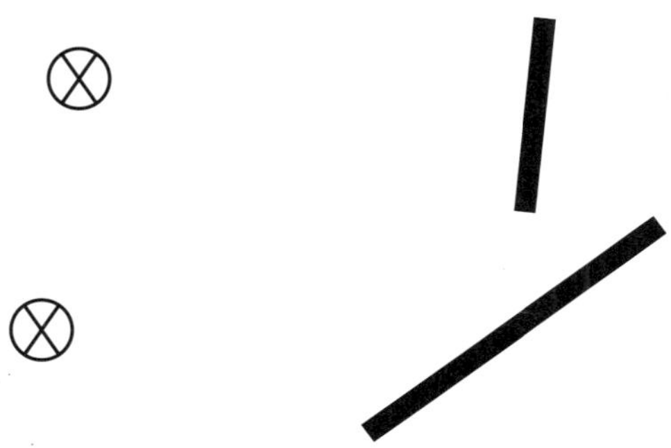	Begründung:

LS 07 Ein Interview zu den Phänomenen der Finsternis durchführen

		Zeit	Lernaktivitäten	Material	Kompetenzen
1	PL	5′	L gibt einen Überblick über den bevorstehenden methodischen und inhaltlichen Ablauf der Stunde.		- einen Fachtext sinnerfassend lesen - Kenntnisse über physikalische Grundgesetze wiedergeben - Phänomene beschreiben und auf bekannte physikalische Zusammenhänge zurückführen - Modelle zur Erklärung von Phänomenen nutzen
2	EA	15′	Jeder S liest den Informationstext und unterteilt ihn in Abschnitte.	M1.A1	
3	GA	10′	S einigen sich in der Gruppe auf eine sinnvolle Unterteilung des Textes und formulieren Fragen, Antworten und eine Zusammenfassung zum Text (Gruppenlesen).	M1. A2-3	
4	PA	20′	Tandems bereiten ein Interview zur Sonnen- oder Mondfinsternis vor.	M2	
5	PL	15′	Zufallstandems präsentieren ihr Interview.		
6	EA	15′	S zeichnen den Strahlengang der Phänomene auf.	M3	
7	PA	10′	S vergleichen die Ergebnisse.		

✓ Merkposten

Bei der Gruppenbildung durch Spielkarten bilden alle Buben, alle Damen usw. eine Gruppe.

Tipp:
Bei leistungsschwachen Klassen kann für die Präsentation eines der beiden Phänomene ausgewählt werden.

Erläuterungen zur Lernspirale

Ziel der Doppelstunde ist es, die Phänomene Sonnen- und Mondfinsternis zu beschreiben und am Modell nachstellen zu können. Die Schüler sollen die nötigen Informationen aus einem Text erarbeiten und in einem Interview präsentieren. Abschließend sollen sie ihre Kenntnisse beim Zeichnen der Phänomene anwenden.

Zum Ablauf im Einzelnen:
Im **1. Arbeitsschritt** erläutert der Lehrer den Verlauf der Doppelstunde. Die Schritte beim Gruppenlesen werden erklärt und Vierergruppen gebildet. Dies kann durch Abzählen oder durch den Einsatz eines Kartenspiels (siehe Merkposten) geschehen.

Im **2. Arbeitsschritt** wird ein Informationstext (M1) nach der Methode des Gruppenlesens (siehe Infokasten) bearbeitet.

Im **3. Arbeitsschritt** sollen die Schüler in Einzelarbeit Fragen aufschreiben, die durch den Text beantwortet werden können. Diese Fragen dienen der Vorbereitung auf das Interview, das mit einem fiktiven Experten geführt werden soll. Da die Schüler zu diesem Zeitpunkt nicht wissen, ob sie Experte oder Reporter sein werden, sollten sie in der Lage sein, auf die formulierten Fragen auch zu antworten. Zu diesem Zweck sollten sie Fragen und Antworten notieren, die im **4. Arbeitsschritt** mit einem Partner verglichen werden. Um den Partner zu finden, erhalten die Schüler Karten (M2), die deutlich machen, ob sie Reporter oder Experte sein werden. Zum Proben des Interviews besprechen die Schüler ihre Fragen und die zugehörigen Antworten. Sie sollten festlegen, in welcher Reihenfolge welche Frage gestellt wird.

Im **5. Arbeitsschritt** entscheidet der Zufall, welches Tandem sein Interview vorträgt. Steht genügend Zeit zur Verfügung, ist es ratsam, ein zweites Tandem präsentieren zu lassen.

Im **6. Arbeitsschritt** wird der Strahlenverlauf, der im Text beschrieben wurde, von den Schülern in M3 gezeichnet.

Im abschließenden **7. Arbeitsschritt** werden die Ergebnisse mit dem Tischnachbarn verglichen. Offene Fragen werden im Plenum geklärt.

Info Gruppenlesen
Vier Schüler einer Gruppe sitzen so, dass sie sich ansehen können. Alle Schüler der Gruppe lesen den ersten Abschnitt des Textes leise durch. Dann werden die Schüler aufgefordert, eine Reihenfolge festzulegen, nach der die folgenden Schritte übernommen werden:
- Schüler 1 liest den ersten Abschnitt laut vor.
- Schüler 2 stellt zwei Fragen an den Text.
- Schüler 3 antwortet auf die Fragen und
- Schüler 4 fasst den Abschnitt zusammen.

Jeder neue Textabschnitt wird nach diesen Schritten bearbeitet, wobei die Aufgaben jedes Mal durchgetauscht werden.

07 Ein Interview zu den Phänomenen der Finsternis durchführen

Sonnen- und Mondfinsternis

Ohne Sonnenlicht wäre das Leben auf der Erde nicht möglich. Doch von Zeit zu Zeit geschieht etwas Merkwürdiges. Mitten am Tag verdunkelt sich Stück für Stück der Himmel. Scheinbar schiebt sich eine schwarze Scheibe vor die Sonne und für eine kurze Zeit kann man deren Korona sehen. Diese Erscheinung kann nicht lange beobachtet werden, denn die „schwarze Scheibe" verschwindet genauso schnell, wie sie gekommen ist. Was ist passiert? Welches Phänomen verbirgt sich hinter der Sonnenfinsternis, die bis zu ihrer Entschlüsselung als ein Zeichen der Götter gedeutet wurde? Wie wir wissen, dreht sich der Mond einmal im Monat um die Erde. Beide Himmelskörper wiederum befinden sich auf einer einjährigen Umlaufbahn um die Sonne. Die Sonne sendet ununterbrochen Licht ins Weltall. Wenn dieses Licht auf einen undurchsichtigen Körper trifft, entsteht hinter ihm ein Schattenraum. Der Mond ist ein solcher undurchsichtiger Körper. Trifft der hinter ihm entstehende Schattenraum einen Bereich unserer Erde, ist von dieser Stelle aus die Sonne nicht zu sehen. Der Mond verhindert den Blick auf die Sonne. Von der Erde aus betrachtet sieht es so aus, als ob sich der Mond als „schwarze Scheibe" vor die Sonne schiebt. Da sich die Erde und der Mond ständig bewegen, hält dieser Zustand nicht lange an und die Sonne ist wieder zu sehen.

Korona
ist die äußere Hülle der Sonne. Sie besteht aus Plasma, leuchtet und scheint zu flackern. Man kann sie nur bei einer Sonnenfinsternis sehen.

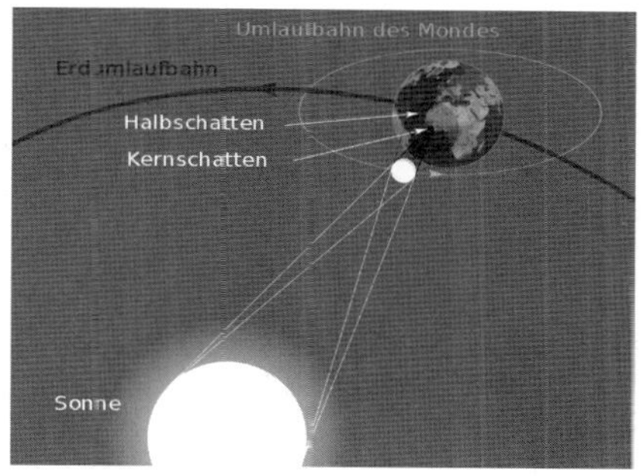

Ein anderes Phänomen ist die Mondfinsternis. Der Mond ist keine Lichtquelle. Er kann nur gesehen werden, wenn das Licht der Sonne von der Mondoberfläche zurückgeworfen wird und in unsere Augen trifft. Im Fall der Mondfinsternis befindet sich die Erde zwischen Sonne und Mond. Das Licht der Sonne trifft auf die Erde und erzeugt hinter ihr einen Schattenraum. Trifft der sogenannte Kernschatten der Erde dabei auf die Mondoberfläche, ist der Mond von der Erde aus nicht mehr zu sehen, denn es kann kein Sonnenlicht zurückgeworfen werden, da kein Licht auf die Mondoberfläche auftrifft und gestreut werden kann. Bei einer Mondfinsternis verhindert der Kernschatten der Erde den Blick auf den Mond. Auch dieses Phänomen dauert nur eine kurze Zeit, dann ist der Mond am Nachthimmel wieder zu sehen.

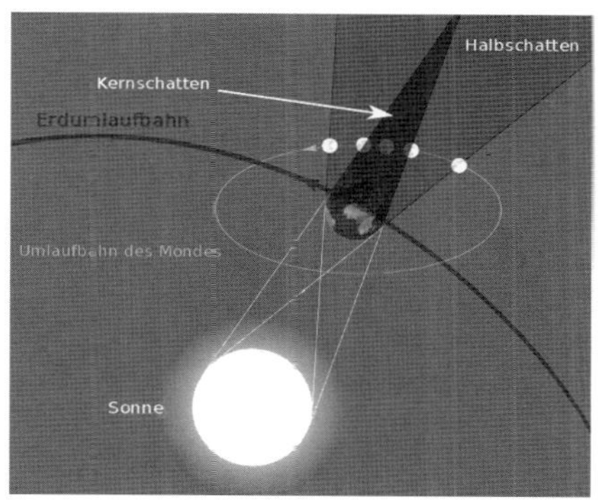

A1 Lies den Text und unterteile ihn in sinnvolle Abschnitte.

A2 Einigt euch in der Gruppe auf eine sinnvolle Unterteilung des Textes.

A3 Geht nun in der Gruppe folgendermaßen vor:
- Schüler 1 liest den ersten Abschnitt laut vor.
- Schüler 2 stellt zwei Fragen an den Text.
- Schüler 3 antwortet auf die Fragen und
- Schüler 4 fasst den Abschnitt zusammen.

Bei jedem neuen Abschnitt wiederholt ihr diesen Ablauf, tauscht aber die Aufgaben durch.

REPORTER **1** 	**EXPERTE** **1** 	**REPORTER** **9** 	**EXPERTE** **9** 
REPORTER **2** 	**EXPERTE** **2** 	**REPORTER** **10** 	**EXPERTE** **10** 
REPORTER **3** 	**EXPERTE** **3** 	**REPORTER** **11** 	**EXPERTE** **11** 
REPORTER **4** 	**EXPERTE** **4** 	**REPORTER** **12** 	**EXPERTE** **12** 
REPORTER **5** 	**EXPERTE** **5** 	**REPORTER** **13** 	**EXPERTE** **13** 
REPORTER **6** 	**EXPERTE** **6** 	**REPORTER** **14** 	**EXPERTE** **14** 
REPORTER **7** 	**EXPERTE** **7** 	**REPORTER** **15** 	**EXPERTE** **15** 
REPORTER **8** 	**EXPERTE** **8** 	**REPORTER** **16** 	**EXPERTE** **16** 

Zeichne der Strahlenverlauf bei beiden Phänomenen ein.

Sonnenfinsternis

Mondfinsternis

LS 08 Einen Vortrag zur Reflexion des Lichts halten

		Zeit	Lernaktivitäten	Material	Kompetenzen
1	PL	5′	L gibt einen Überblick über den bevorstehenden methodischen und inhaltlichen Ablauf der Stunde.		– Informationen aus Texten entnehmen, Schlüsselwörter finden – Informationen weitergeben – physikalische Grundprinzipien verstehen und erklären – physikalische Zusammenhänge zur Reflexion darstellen – einen Vortrag zur Reflexion vorbereiten und halten – Feedback geben
2	EA	15′	S lesen einen Text und markieren Schlüsselwörter.	M1	
3	PA	20′	In PA vergleichen S ihre Markierungen, finden Schlüsselwörter und klären offene Fragen.		
4	EA	15′	S schreiben einen Spickzettel.		
5	PA	15′	Im Doppelkreis werden die Kurzvorträge geübt.		
6	PL	15′	Präsentation ausgewählter Vorträge im Plenum.	Bewertungsbogen	
7	PL	5′	Feedback	Bewertungsbogen	

✓ **Merkposten**

Die Größe des Spickzettels für Arbeitsschritt 4 sollte eine Handfläche nicht überschreiten.

Tipp:
Schwache Schüler bearbeiten nur den ersten Teil von M1 selbstständig.

Erläuterungen zur Lernspirale

Ziel der Doppelstunde ist die Erarbeitung der wesentlichen Informationen zur Reflexion von Licht. Methodisch sollen sich die Schüler im sinnerfassenden Lesen üben, einen Spickzettel erstellen und damit einen Kurzvortrag halten.

Zum Ablauf im Einzelnen:
Im **1. Arbeitsschritt** erklärt der Lehrer den methodischen und inhaltlichen Verlauf der Doppelstunde. Dabei sollte deutlich werden, dass am Ende der Stunde ein Kurzvortrag steht, der inhaltlich und methodisch reflektiert und gegebenenfalls auch benotet werden kann. Die Kriterien können während der Stunde an der Tafel sichtbar gemacht werden. Möglich ist auch der Einsatz eines Bewertungsbogens (siehe unten).

Der Lehrer teilt im **2. Arbeitsschritt** M1 aus. Die Schüler lesen den Text und markieren wichtige Textstellen mit Bleistift und Lineal.

Im **3. Arbeitsschritt** arbeiten zwei Schüler miteinander. Sie klären offene Fragen und vergleichen ihre Bleistiftmarkierungen. Gemeinsam legen sie Schlüsselwörter im Text fest und heben diese mit einem Textmarker hervor. Wichtige Nebeninformationen werden mit einem farbigen Fineliner (rot) unterstrichen.

Im **4. Arbeitsschritt** schreiben die Schüler einen Spickzettel zum Thema Reflexion. Der Lehrer verteilt dazu kleine Zettel. Die Schüler werden darauf aufmerksam gemacht, dass nicht mehr als zehn Wörter darauf notiert werden dürfen. Bilder und Symbole können in beliebiger Anzahl verwendet werden.

Im **5. Arbeitsschritt** bilden die Schüler einen Doppelkreis. Die Schüler haben jetzt Gelegenheit ihren Kurzvortrag zu üben. Ihr Partner im Doppelkreis kann Rückfragen stellen und Aussagen verbessern. Um jedem Schüler Gelegenheit zu geben, den Vortrag zu üben, sollte der Doppelkreis mehrfach in Bewegung versetzt werden.

Im **6. Arbeitsschritt** wird durch das Los ein Schüler ausgewählt, der seinen Vortrag vor der Klasse hält. Die Zuhörer sollten im Vorfeld nocheinmal auf die Kriterien für einen guten Vortrag hingewiesen werden. Zusätzlich kann den Schülern auch ein vorbereiteter Bewertungsbogen ausgeteilt werden, den sie im Anschluss an den Vortrag abgeben.

Im **7. Arbeitsschritt** wird dem Präsentator ein möglichst objektives Feedback (mögliche Kriterien siehe Bewertungsbogen) gegeben. Es basiert auf den im Vorfeld besprochenen Kriterien.

Bewertungsbogen	☺☺	☺	☹	☹☹
fachlich				
Inhalt vollständig				
Reflexionsgesetz richtig				
Fachbegriffe richtig verwendet				
methodisch	☺☺	☺	☹	☹☹
Aussprache deutlich				
Körperhaltung angemessen				
Blick ins Publikum				

08 Einen Vortrag zur Reflexion des Lichts halten

Die Reflexion des Lichts

Als Reflexion bezeichnet man das Zurückwerfen des Lichts von Oberflächen. Diese reflektieren Licht aufgrund ihrer Struktur und Farbe unterschiedlich gut. Je heller eine Oberfläche ist, desto mehr Licht wird reflektiert. So sieht man den weißen Handschuh eines Pantomimen im Vergleich zur schwarzen Kleidung sehr deutlich (Abb. 1). Je dunkler eine Oberfläche ist, desto mehr Licht wird aufgenommen. Es wird absorbiert.

Abb. 1

Auch die Beschaffenheit der Oberfläche beeinflusst die Reflexion des Lichts. Je glatter die Oberfläche ist, auf die das Licht auftrifft, desto mehr Licht wird in die gleiche Richtung reflektiert und trifft in unser Auge. Man spricht von einer gerichteten Reflexion (Abb. 2). Handelt es sich um eine matte, rauhe Oberfläche, wird das Licht in unterschiedliche Richtungen reflektiert. Es wird gestreut. (Abb. 3)

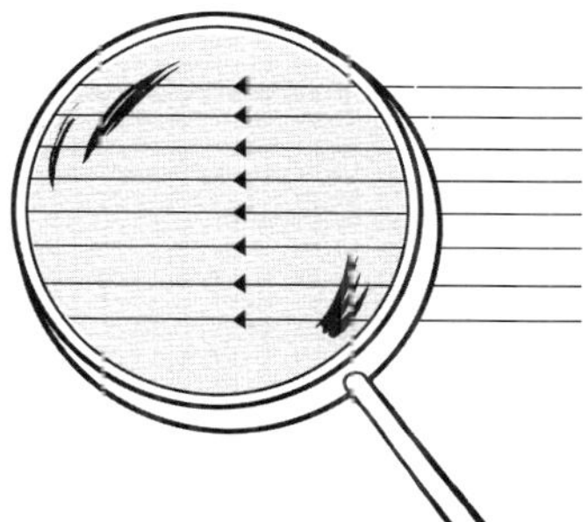
Abb. 2

Abb. 3

Um im Straßenverkehr besonders früh gesehen zu werden, gibt es Kleidung mit sogenannten Reflektoren (Abb. 4). Ihre Oberfläche besteht aus vielen kleinen Spiegeln. Diese Spiegel sind so angeordnet, dass sie das auftreffende Licht wieder zur Quelle zurückwerfen. Leuchtet man zum Beispiel mit einer Taschenlampe in die Dunkelheit und trifft einen Reflektor, so wird das Licht so reflektiert, dass es in unser Auge fällt. Deshalb sehen wir Reflektoren auch aus großer Entfernung.

Abb. 4

Reflektoren (Abb. 6) machen sich ein physikalisches Gesetz zunutze, das Reflexionsgesetz (Abb. 5). Es beschreibt, wie sich ein Lichtstrahl verhält, wenn er auf eine ebene Fläche trifft. Der Winkel, in dem das Licht von der Oberfläche reflektiert wird, ist genauso groß wie der Winkel, in dem er auf den Spiegel auftrifft. Dies gilt immer, egal von welcher Seite das Licht kommt. Außerdem liegen einfallender und reflektierter Strahl sowie das Lot in einer Ebene.

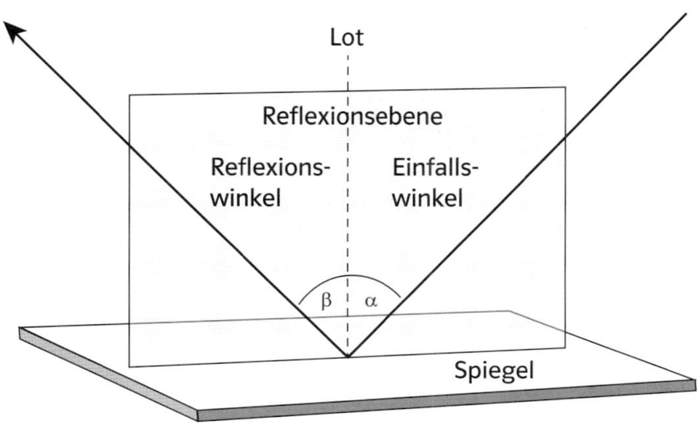

Abb. 5

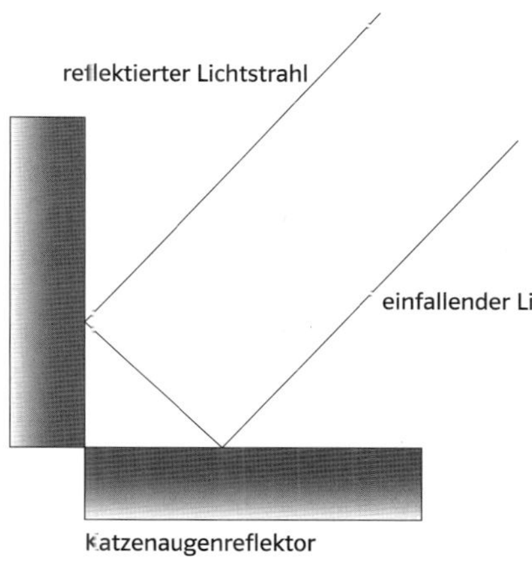

Abb.6

LS 09 Ein Experiment zur Reflexion und Brechung planen und durchführen

		Zeit	Lernaktivitäten	Material	Kompetenzen
1	PL	5′	L gibt einen Überblick über den bevorstehenden methodischen und inhaltlichen Ablauf der Stunde.		- Kenntnisse zu einfachen physikalischen Gesetzmäßigkeiten wiedergeben und für Experimente nutzen - Experimente planen, durchführen und auswerten - Arbeitsergebnisse unter physikalischen Sachverhalten diskutieren
2	EA	15′	S planen in EA einen Versuch zur Reflexion und zur Bechung des Lichts an glatten Oberflächen.	M1	
3	GA	5′	In aufgabengleichen Gruppen werden die Ergebnisse verglichen.		
4	GA	15′	In aufgabendifferenten Gruppen werden die Planungen vorgestellt und offene Fragen geklärt.		
5	PA	10′	Im Tandem wird ein Ablaufplan zum Experiment erarbeitet und ein Protokoll vorbereitet.	M2, M3	
6	PL	10′	Ein Zufallsteam stellt den Ablauf im Plenum vor.		
7	GA	30′	Experimente werden in Gruppen durchgeführt.	Lampe, Spiegel, Glaskörper, Geodreieck	

✓ Merkposten

In leistungsschwachen Klassen sollte mehr Zeit für die Planung und Durchführung dieser Lernspirale eingeplant werden.

M1 in halber Klassenstärke kopieren, durchschneiden und auf der Rückseite oben mit 1a, 2a, 3a, … und unten mit 1b, 2b, 3b, … nummerieren.

Erläuterungen zur Lernspirale

Ziel der Doppelstunde ist die Planung und Durchführung eines Experiments zur Reflexion und Brechung des Lichts an glatten Oberflächen. Die Schüler sollen dabei auf ihre Vorkenntnisse zurückgreifen, sich überlegen welche Materialien sie benötigen, wie der Versuch ablaufen und die Ergebnisse festgehalten werden sollen.

Zum Ablauf im Einzelnen:
Im **1. Arbeitsschritt** erklärt der Lehrer den methodischen und inhaltlichen Verlauf der Doppelstunde. Dabei geht er auf die aufgabengleiche und aufgabendifferenzierte Gruppenarbeit ein. Zur Vorbereitung dürfen die Schüler ihre Aufzeichnungen sowie ihr Buch benutzen.

Im **2. Arbeitsschritt** erhalten die Schüler eine der Aufgabenkarten (M1 – siehe Merkposten). Sie lesen diese aufmerksam durch und können zu Beginn Fragen zur Klärung der Aufgabenstellung stellen. Die Antworten zu den Aufgaben sind auf einen Notizzettel zu schreiben. Schnelle bzw. sehr gute Schüler können bereits beginnen, ein Protokoll vorzubereiten.

Im **3. Arbeitsschritt** arbeiten aufgabengleiche Gruppen zusammen. Dabei bilden je vier Schüler eine Gruppe, die auf der Kartenrückseite den gleichen Buchstaben haben (1a, 2a, 3a, 4a – Reflexion und 1b, 2b, 3b, 4b – Brechung usw.). Im Team besprechen sie ihre Lösungen und Experimentiervorschläge. In dieser Runde sollen alle Fragen unter den Schülern geklärt werden.

Im **4. Arbeitsschritt** werden die Schüler als Experten in neue Gruppen aufgeteilt. Jetzt bilden je zwei Schüler der vorherigen Gruppe ein Tandem (1a, 1b, 2a, 2b und 3a, 3b, 4a, 4b, usw.). In diesen Gruppen sind jetzt beide Themen vertreten. Die Schüler beschreiben sich gegenseitig den geplanten Verlauf der Experimente, klären welche Gegenstände notwendig sind und wie die Ergebnisse aufgeschrieben werden sollen. Ein Entwurf für ein Versuchsprotokoll kann erstellt werden.

Dieses ist im **5. Arbeitsschritt** endgültig fertigzustellen. Alternativ kann M2 und M3 ausgeteilt werden. Mit deren Hilfe können die Schüler den Versuchsverlauf nachvollziehen und durch die Beantwortung der ersten Fragen den Versuch vorbereiten. Das Los sollte anschließend entscheiden, welches Tandem im Plenum das bevorstehende Experiment erklärt. Weitere Tandems können ergänzen oder verbessern.

Erst wenn alle Fragen geklärt sind, werden die Schüler im **6. Arbeitsschritt** das Experiment durchführen. Das Protokoll wird ausgefüllt und abschließend eingesammelt.

Notizen:

09 Ein Experiment zur Reflexion und Brechung von Licht planen und durchführen

Experiment zur Reflexion des Lichts

Du sollst einen Versuch zur Darstellung der Reflexion des Lichts an glatten Oberflächen durchführen. Eine der beiden Zeichnungen zeigt einen möglichen Versuchsaufbau. Dabei soll das Reflexionsgesetz bewiesen werden. Beantworte zur Vorbereitung folgende Fragen schriftlich:

A1 Wie lautet das Reflexionsgesetz?

A2 Zeichne in die richtige der beiden Abbildungen den Einfallswinkel und den Reflexionswinkel ein.

A3 Überlege, wie du vorgehen willst, um die Richtigkeit des Reflexionsgesetzes zu beweisen! Wie könnte der Versuch ablaufen? Welche Werte musst du aufschreiben?

A4 Welches Material/Gegenstände brauchst du für die Durchführung des Experiments?

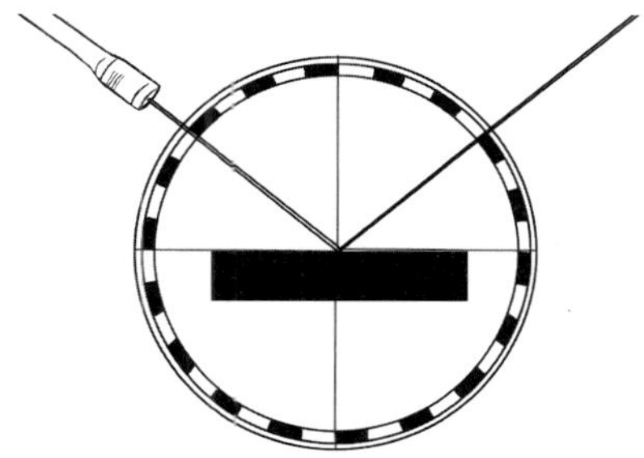

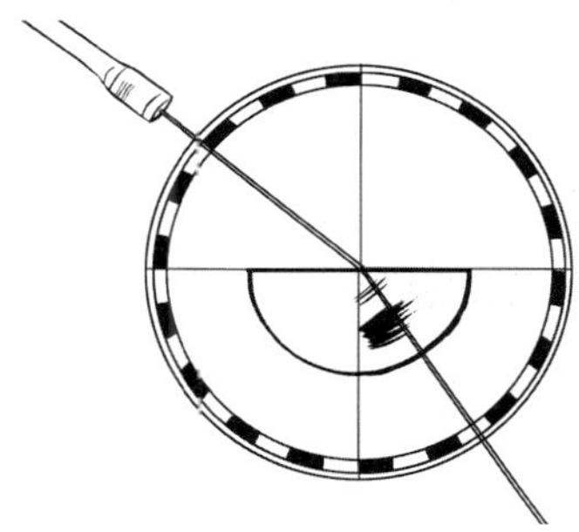

Experiment zur Brechung des Lichts

Du sollst einen Versuch zur Darstellung der Brechung des Lichts an glatten Oberflächen durchführen. Dabei sollen die Werte für den Einfallswinkel und den dazugehörigen Brechungswinkel aufgeschrieben werden. Beantworte zur Vorbereitung folgende Fragen schriftlich:

A1 Überlege, wie du vorgehen willst, um den Versuch aufzubauen! Eine der beiden Zeichnungen zeigt einen möglichen Versuchsaufbau.

A2 Zeichne den Einfallswinkel und den Brechungswinkel in die richtige Zeichnung ein.

A3 Wie könnte der Versuch ablaufen? Welche Werte musst du aufschreiben?

A4 Welches Material/Gegenstände brauchst du für die Durchführung des Experiments?

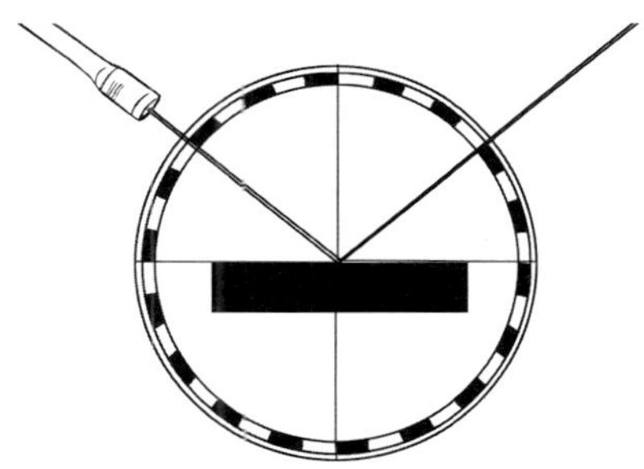

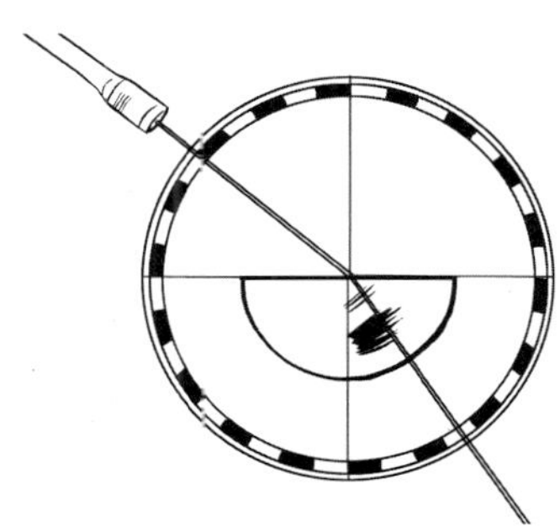

Protokoll zur Reflexion des Lichts an glatten Oberflächen

Gruppenmitglieder: ____________________

Datum: ____________________

Reflexion

1. Vorbereitung:

a) Beschrifte die Versuchsskizze mit: Lot, einfallender Strahl, reflektierter Strahl, Lampe, ebener Spiegel, α, α'

b) Notiere, welches Material für das Experiment benötigt wird:

____

____

____

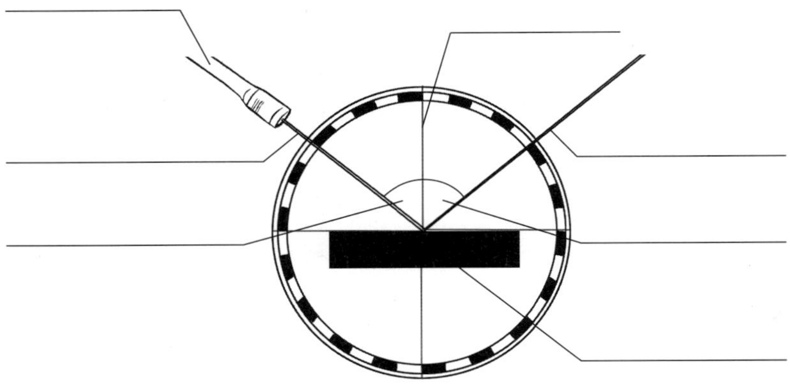

2. Durchführung:

Lasse einen Lichtstrahl in unterschiedlichen Einfallswinkeln auf einen ebenen Spiegel auftreffen und bestimme jeweils den Reflexionswinkel.

a) Beschreibe den Versuchsaufbau:

____

____

____

____

____

Einfallswinkel	Reflexionswinkel

b) Welche Vermutung hast du?

____

____

____

3. Auswertung:

____

____

____

____

Protokoll zur Brechung des Lichts an glatten Oberflächen

Gruppenmitglieder: ______________________ Datum: ____

Brechung

1. Vorbereitung:

a) Beschrifte die Versuchsskizze mit: Lot, einfallender Strahl, gebrochener Strahl, Lampe, Glaskörper, α, β

b) Notiere, welches Material für das Experiment benötigt wird:

____

____

____

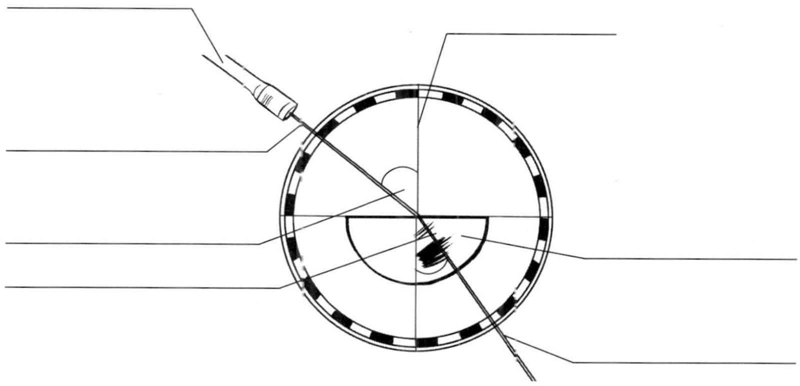

2. Durchführung:

Lasse einen Lichtstrahl in unterschiedlichen Einfallswinkeln auf einen Glaskörper auftreffen und bestimme jeweils den Brechungswinkel.

a) Beschreibe den Versuchsaufbau:

____

____

____

____

____

Einfallswinkel α	Brechungswinkel β

b) Welche Vermutung hast du?

____

____

____

3. Auswertung:

____

____

____

____

LS 10 Ein Plakat zu Beispielen der Reflexion und Brechung aus Umwelt und Technik gestalten

		Zeit	Lernaktivitäten	Material	Kompetenzen
1	PL	5′	L gibt einen Überblick über den bevorstehenden methodischen und inhaltlichen Ablauf der Stunde.		- physikalische Kenntnisse im Kontext anwenden - sich in der Gruppe einigen - ein Plakat herstellen - Ergebnisse kooperativ präsentieren
2	EA	10′	S bearbeiten Texte zu Beispielen der Reflexion und Brechung.	M1	
3	GA	10′	S besprechen in textgleichen Stammgruppen ihre Erkenntnisse.		
4	GA	15′	S tauschen sich in Expertengruppen über die verschiedenen Beispiele aus.		
5	PA	20′	S entwerfen im Tandem ein Plakat.	M2	
6	GA	25′	S gestalten in Gruppen ein Plakat.	Eddings, Plakate, Klebestifte, Schere	
7	PL	5′	Im Museumsrundgang werden die Plakate bewertet.		

Tipp: Für die Arbeit in der Gruppe kann auf die Sonderfunktionen wie Zeit-, Regelwächter und Materialholer zurückgegriffen werden. Methodisch geschulte Klassen folgen außerdem einem Gruppenfahrplan. Dieser unterstützt bei der Planung, Durchführung und Reflexion der Gruppenarbeit

Planung:
- Aufgabe besprechen
- Sonderfunktionen verteilen
- Klären, was zu tun ist
- Aufgaben verteilen

Durchführung:
- Alle arbeiten mit
- Alle helfen sich gegenseitig
- Alle halten sich an die Regeln für Gruppenarbeit
- Absprache, wie präsentiert werden soll
- Präsentation üben

Reflexion:
- Haben alle mitgearbeitet?
- Wie habe ich die Gruppe unterstützt?
- Was ist gut gelaufen?
- Was können wir das nächste Mal besser machen?

Erläuterungen zur Lernspirale

Ziel der Doppelstunde ist die Erstellung eines Lernplaktes zur Reflexion und Brechung des Lichts. Die Schüler sollen ihr Wissen über die Grundlagen des Lichts festigen sowie Gesetzmäßigkeiten in der Natur und Technik wiedererkennen und beschreiben. Der unterschiedlichen Leistungsfähigkeit der Schüler soll durch die Expertenmethode Rechnung getragen werden.

Zum Ablauf im Einzelnen:
Im **1. Arbeitsschritt** erklärt der Lehrer den Verlauf der Doppelstunde. Neben dem methodischen Ablauf werden die Schüler an die Kritierien der Plakatgestaltung erinnert. Diese werden an der Tafel festgehalten und/oder alternativ dazu im Schritt 5 an die Tandems auf einem Merkblatt ausgegeben (M2).

Im **2. Arbeitsschritt** werden die Texte M1 (a–e) ausgeteilt. Jeder Schüler erhält je einen Expertentext, den die Schüler lesen und dabei Wesentliches unterstreichen. Sie sollen für sich kären, welche Gesetzmäßigkeit dem Beispiel zugrunde liegt. Sie sollen es nachvollziehen und erklären können.

Im **3. Arbeitsschritt** kommen die Schüler in textgleichen Gruppen zusammen. In dieser „Nachhilfephase" können offene Fragen geklärt werden. Dazu kann die Gruppe das Internet, Schulbücher oder sonstiges Informationsmaterial nutzen. Besteht noch viel Klärungsbedarf, sollte den Gruppen mehr Zeit zur Verfügung gestellt werden.

Anschließend werden für den **4. Arbeitsschritt** neue Gruppen gebildet. Pro Gruppe soll ein Experte für ein Beispiel vorhanden sein. Diese Gruppenphase dient dem Austausch und der Konsolidierung. Die Schüler sollen ihr Beispiel so erklären, dass es alle anderen der Gruppe richtig einordnen können und verstehen.

Im **5. Arbeitsschritt** bleiben die Gruppen am gemeinsamen Platz, arbeiten aber im Tandem. Sie sollen einen Entwurf für ein Plakat machen, auf dem Beispiele für Reflexion und Brechung des Lichts zusammengetragen werden. Außerdem sollen die Gesetzmäßigkeiten verschriftlicht und bildhaft dargestellt werden.

Zwei Tandems tauschen sich im **6. Arbeitsschritt** über ihre Entwürfe aus und gestalten im Anschluss das gemeinsame Plakat.

Im **7. Arbeitsschritt** werden die Plakate ausgehängt oder ausgelegt. Alle Schüler gehen ähnlich wie in einem Museum an den Produkten entlang. Ein Teilnehmer der Gruppe erläutert den Betrachtern die Gedanken und das Vorgehen in der Gruppe, ebenso wie den Inhalt des Plakats.

Mithilfe der anfänglich aufgeführten Kriterien kann eine Note für das Produkt und die Präsentation ermittelt werden.

Notizen:

10 Ein Plakat zu Beispielen der Reflexion und Brechung aus Umwelt und Technik gestalten

Sicherheit im Straßenverkehr	a

Um die Sicherheit im Straßenverkehr zu erhöhen, wurde in den letzten Jahren die Reflektortechnik verbessert. Reflektoren nutzen das Reflexionsgesetz. Ihre Oberfläche ist so gestaltet, dass das einfallende Licht wieder zur Lichtquelle zurück reflektiert wird. Gegenstände, die mit Reflektoren versehen sind, werden deshalb schon aus großer Entfernung gesehen.
Geklaut wurde diese Idee aus der Natur. Augen von Wildtieren „leuchten" im Dunkeln, da das einfallende Scheinwerferlicht von einer sehr kleinen Schicht Kristalle in den Augen reflektiert wird.

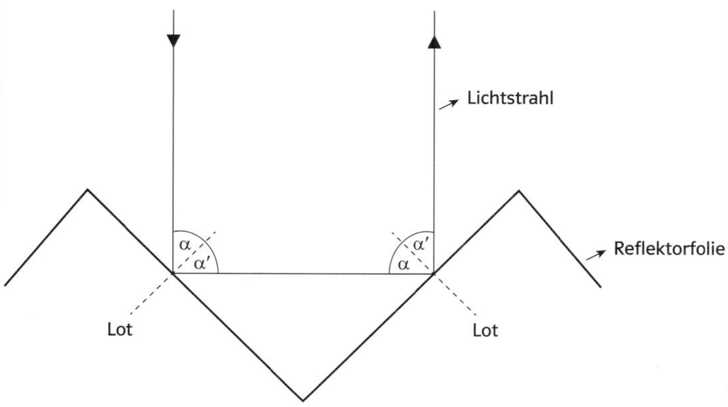

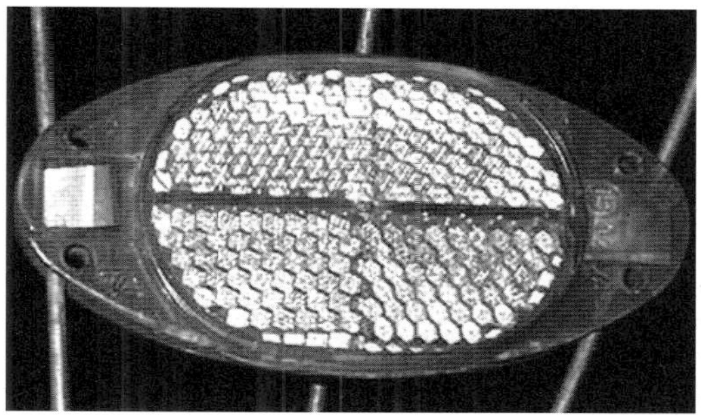

Scheinwerfer am Auto	b

Ein Autoscheinwerfer nutzt das Reflexionsgesetz. In einem Hohlspiegel ist in der Mitte eine sogenannte „Bilux-Lampe" angebracht. An einer ganz bestimmten Stelle – dem Brennpunkt – werden die Lichtstrahlen ausgesendet, die an der spiegelglatten Oberfläche des Hohlspiegels reflektiert werden. Das Licht wird vor das Auto gelenkt und erhellt so als Fernlicht die Straße. Nutzt ein Autofahrer das Abblendlicht, so wird das Licht nur in eine Richtung auf den Hohlspiegel gelenkt. Es wird so reflektiert, dass es in einem leichten Abwärtswinkel die Straße ausleuchtet, aber entgegenkommende Fahrzeugführer nicht blendet.

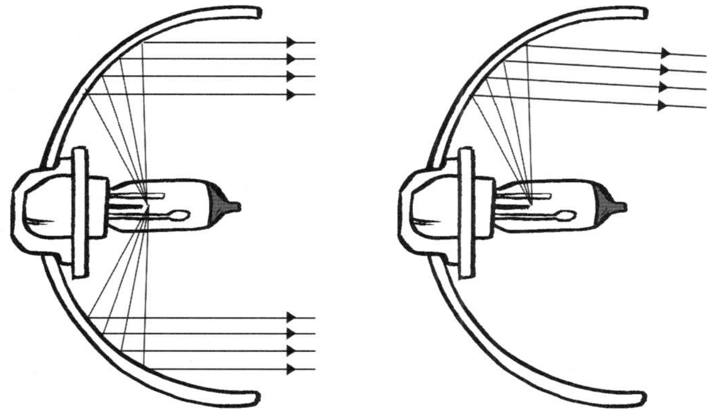

Fernlicht Abblendlicht

Seiten- und Rückspiegel am Fahrzeug	c
Mithilfe eines Rückspiegels am Fahrzeug kann der Fahrer erkennen, ob sich neben ihm ein weiteres Fahrzeug befindet. Dabei nutzt er das Reflexionsgesetz aus. Licht, das von einem beleuchteten Körper (z.B. Motorradfahrer) reflektiert wird, trifft auf den Seiten- oder Rückspiegel. Dieser Spiegel ist so eingestellt, dass das Licht in unsere Augen trifft. Kannst du in der Zeichnung zeigen, wo hier das Reflexionsgesetz gilt? Trage das Lot, den Einfallswinkel und den Reflexionswinkel ein.	

Wasserspiegelungen	d
Warum glitzert das Wasser im Abendrot so schön? Das Sonnenlicht wird in viele Richtungen reflektiert, denn die Wasseroberfläche ist nicht glatt. Sie besteht aus sehr vielen unterschiedlich geneigten kleinen Teilflächen. Für jede einzelne dieser Teilflächen gilt das Reflexionsgesetz. Je nachdem, wie die Neigung dieser Flächen ist, kann das reflektierte Licht in unsere Augen treffen oder nicht.	

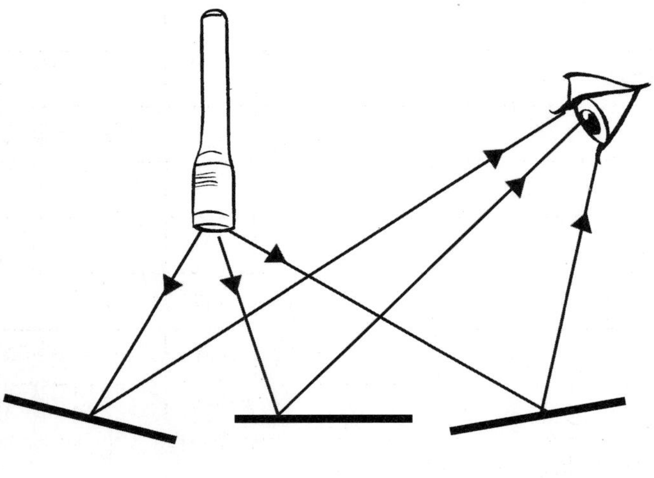

Wie „Trugbilder“ entstehen	e
Bei einem Blick schräg über den Rand in die Tasse, verhindert der Tassenrand, dass Licht von der Münze in unser Auge trifft. Erst wenn Wasser in die Tasse gefüllt wird, ist das Geldstück zu sehen. Es wird scheinbar durch das Wasser angehoben. Ursache dieses Trugbildes ist das Brechungsgesetz. Bei diesem Experiment durchdringt Licht zwei verschiedene Stoffe, Wasser und Luft. Trifft es schräg auf die Grenzfläche zwischen Wasser und Luft, wird es abgelenkt und ändert die Richtung. Es wird an der Grenzfläche zweier Stoffe gebrochen. In unserem Beispiel trifft das Licht von der Münze ausgehend an die Grenzfläche von Wasser und Licht. Es wird so gebrochen, dass es in unser Auge trifft. Wir sehen die Münze scheinbar angehoben, denn unser Gehirn geht davon aus, dass sich Licht geradlinig ausbreitet.	

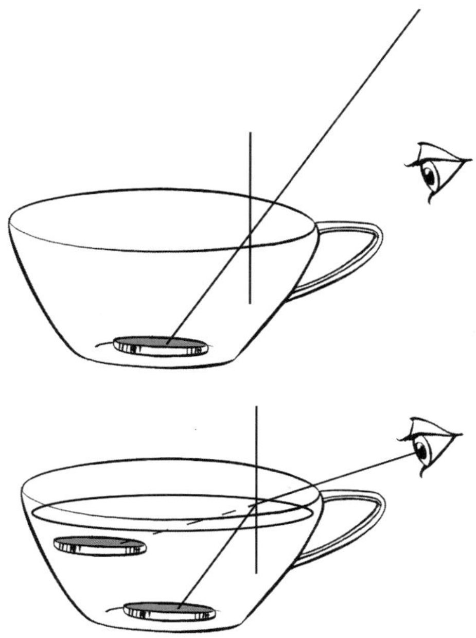

LS 10.M2 Kriterien für die Plakatpräsentation

Inhalt	☺☺	☺	☹	☹☹
Das Reflexionsgesetz wurde richtig dargestellt und erklärt.				
Das Brechungsgesetz wurde richtig dargestellt und erklärt.				
Plakat	☺☺	☺	☹	☹☹
Das Verhältnis von Text und Bild ist gut.				
Die Schrift ist deutlich, leserlich und gerade.				
Es gibt eine Überschrift und Bildunterschriften.				
Präsentation	☺☺	☺	☹	☹☹
Es wurde deutlich und in ganzen Sätzen gesprochen.				
Es wurde nicht nur vom Plakat abgelesen sondern das Publikum wurde angesehen.				

LS 11 Den eigenen Lernstand zum Grundlagenwissen der Optik reflektieren

		Zeit	Lernaktivitäten	Material	Kompetenzen
1	PL	5′	L erklärt den methodischen und inhaltlichen Verlauf der Doppelstunde.		- den eigenen Lernstand kritisch einschätzen - aktiv zuhören - auf Fragen und Kritik angemessen reagieren - Äußerungen von anderen zu physikalischen Sachverhalten bewerten - Routineaufgaben lösen
2	EA	10′	S schätzen ihr Können mithilfe des Fragebogens ein. Offene Fragen werden notiert.	M1	
3	GA	15′	S sammeln die Fragen in Gruppen. Sie klären und entscheiden, welche Fragen im Plenum geclustert und besprochen werden sollen.	Karten zum Losen	
4	EA	30′	S bearbeiten in EA einen Test.	M2	
5	PA	20′	S vergleichen, diskutieren und verbessern in PA ihre Ergebnisse.	M3	
6	PL	25′	Ungeklärte Probleme werden im PL besprochen.		

Erläuterungen zur Lernspirale

Ziel der Doppelstunde ist die selbstkritische Einschätzung der Schüler über ihr Grundlagenwissen zur Optik. Zur Kontrolle dieser Einschätzung lösen die Schüler Aufgaben eines Tests und bestätigen so ihr Können.

Zum Ablauf im Einzelnen:
Im **1. Arbeitsschritt** erklärt der Lehrer den Verlauf der Doppelstunde. Es ist darauf hinzuweisen, dass die Selbsteinschätzung ehrlich durchzuführen ist.

Im **2. Arbeitsschritt** schätzen sich die Schüler mithilfe des Selbsteinschätzungsbogens ein. Auftretende Fragen werden auf einem Notizzettel notiert.

Im **3. Arbeitsschritt** haben die Schüler die Möglichkeit, Unklarheiten in der Gruppe zu klären. Fragen, die nicht beantwortet wurden, werden auf Karten geschrieben. Schließlich werden sie an einer Pinnwand oder der Tafel angeheftet und gleichzeitig geclustert. Ähnliche Fragen werden so zusammengefasst. Sie werden im Plenum geklärt.

In Einzelarbeit lösen die Schüler im **4. Arbeitsschritt** den Test.

Im **5. Arbeitsschritt** werden die Ergebnisse mit einem Partner verglichen, diskutiert und, wenn nötig, berichtigt.

Abschließend können im **6. Arbeitsschritt** noch offene Fragen im Plenum erläutert werden.

Notizen:

11 Den eigenen Lernstand zum Grundlagenwissen der Optik reflektieren

Selbsteinschätzung – Über das Gelernte reflektieren

Mit diesem Bogen kannst du ermitteln, was du deiner Meinung nach schon sicher kannst. Überlege, bevor du dein Kreuzchen setzt, wie eine Aufgabe zu diesem Thema lauten könnte und ob du sie beantworten kannst.
Beantworte die Punkte wahrheitsgemäß! Die Antworten sind nur für dich.

Wie sicher bist du dir bei der Beantwortung der Aufgabe?	**sicher**	**ziemlich sicher**	**unsicher**	**sehr unsicher**
Ich kann künstliche und natürliche **Lichtquellen** nennen und voneinander unterscheiden.				
Ich weiß, wofür Licht genutzt wird bzw. welche Bedeutung es hat.				
Ich kann die **Eigenschaften des Lichts** erklären.				
Ich weiß, wie ein **Schatten** entsteht.				
Ich kann **Schattenbilder** zeichnen.				
Ich kann die Phänomene **Sonnen-** und **Mondfinsternis** erklären.				
Ich kann erklären, **wie wir sehen**.				
Ich kenne das **Reflexionsgesetz**.				
Ich kann einen **Versuch zum Reflexionsgesetz** durchführen.				
Ich kann das **Brechungsgesetz** am Beispiel erklären.				

Test

1. Nenne drei künstliche und drei natürliche Lichtquellen.
   Ordne deinen Beispielen die entsprechende Bedeutung zu.

Künstliche Lichtquelle	Bedeutung	Natürliche Lichtquelle	Bedeutung

2. Ordne der Skizze die Begriffe Licht, Lichtquelle, Lichtempfänger zu.

____

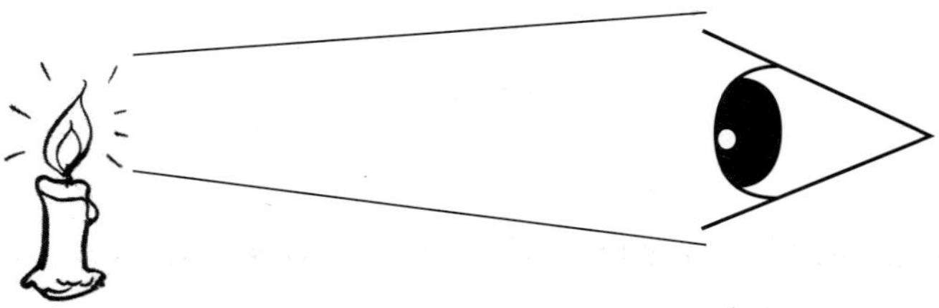

____

____

3. Ergänze den Text! Zeichne den Strahlenverlauf in das Bild ein.

Die Sonne ist eine _______________.

Von der Sonne fällt _______________ auf einen Ball.

Der Ball ist keine _______________.

Ein Mensch kann den Ball nur sehen, weil vom Ball

_______________.

4. Zeichne die Schattenbildung ein. Beschrifte die Schatten mit HS (für Halbschatten) und KS (für Kernschatten).

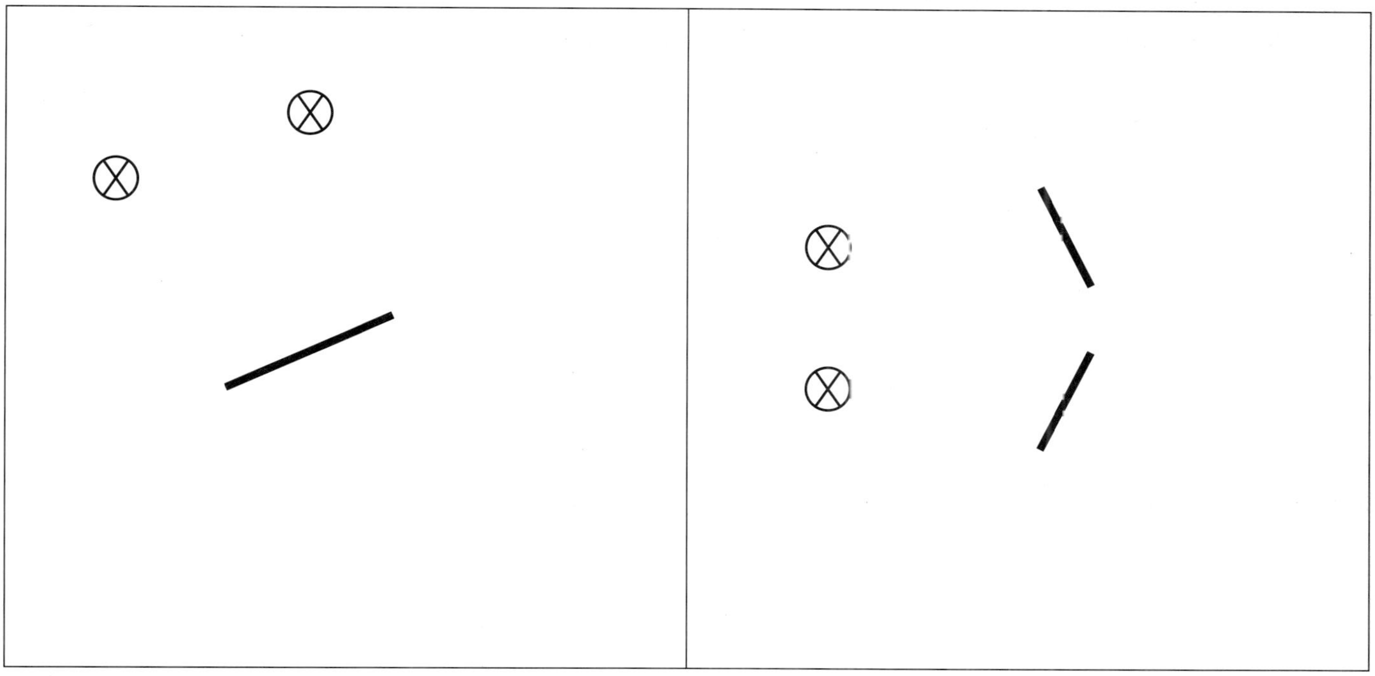

5. Vervollständige die Zeichnung, indem du den reflektierten Strahl konstruierst. Beschrifte die Zeichnung vollständig!

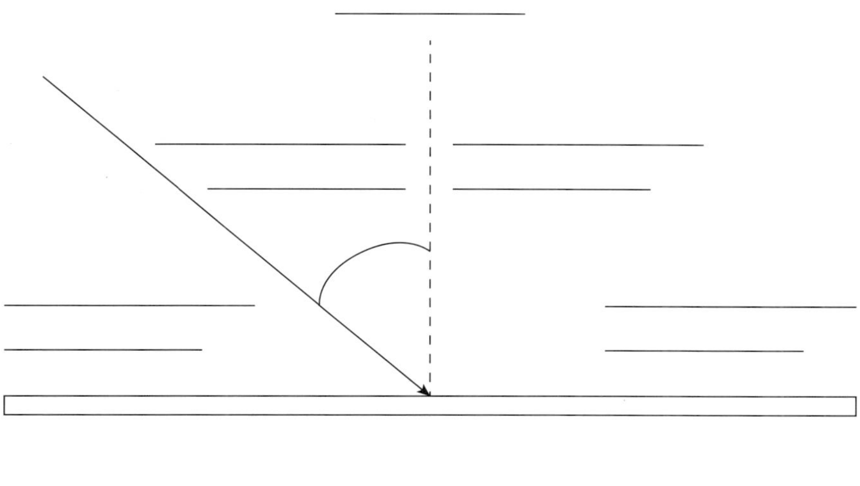

6. Auf welche Stelle sollte der Mann zielen, wenn er den Fisch im Wasser treffen will? Begründe deine Antwort!

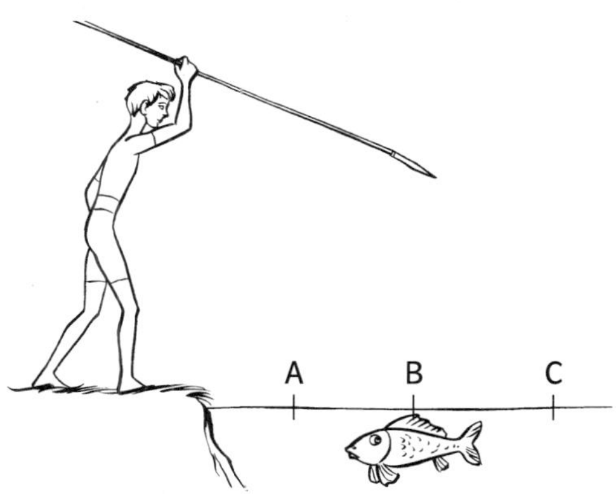

Lösungen zum Test

1. Mögliche Antworten:

   Künstliche Lichtquelle: LED-Licht (Information), Rotlichtlampe (Wärme), Glühlampe (Helligkeit)
   Natürliche Lichtquelle: Sonne (Wärme, Helligkeit), Tintenfisch (Information), Blitz (Information)

2.

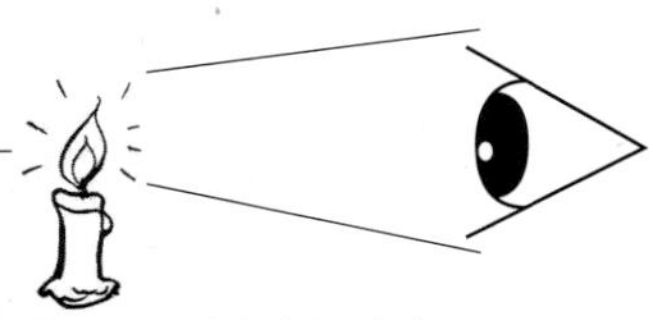

3.

Die Sonne ist eine natürliche Lichtquelle.
Von der Sonne fällt Licht auf einen Ball.
Der Ball ist keine Lichtquelle.
Ein Mensch kann den Ball nur sehen, weil vom Ball Streulicht ins menschliche Auge fällt.

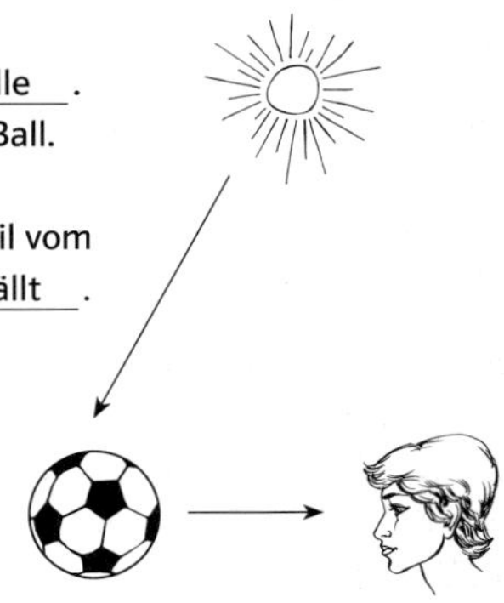

4.

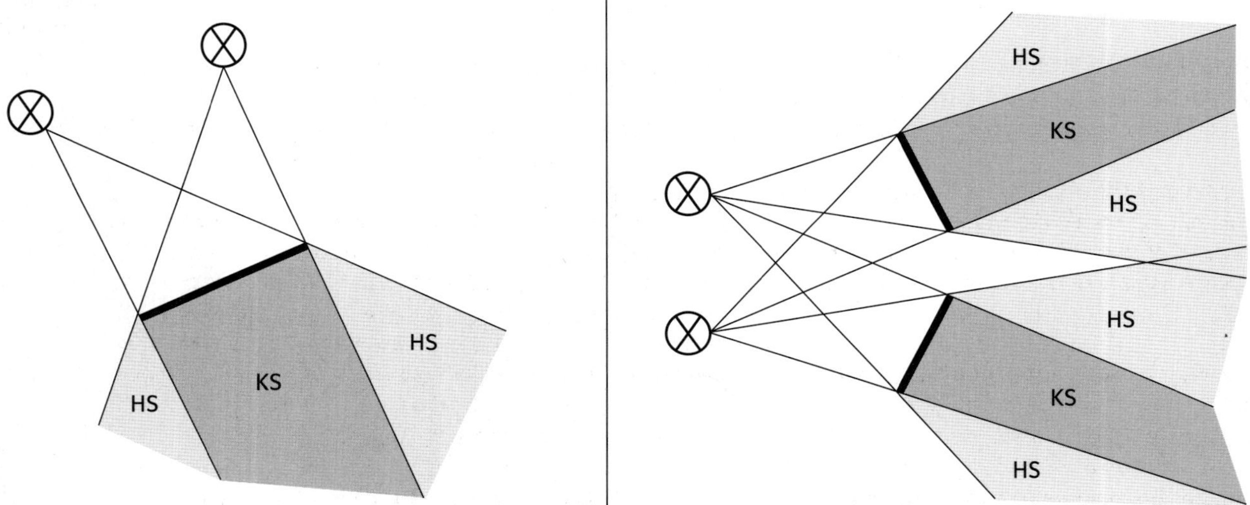

5.

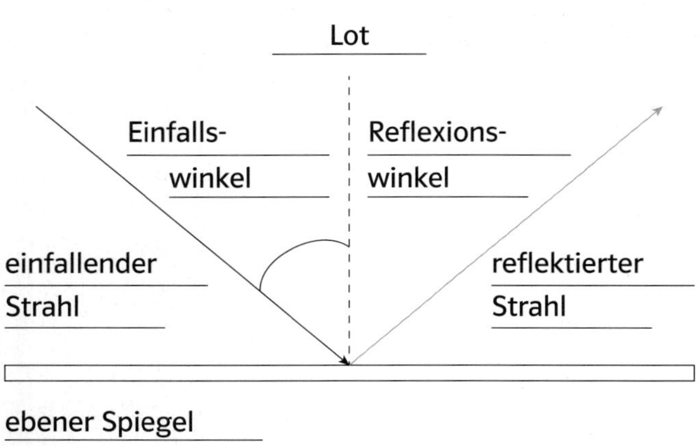

6. Die Lösung ist A.

LS 01 Ein Kreuzworträtsel zur Wiederholung der Grundlagen lösen

		Zeit	Lernaktivitäten	Material	Kompetenzen
1	PL	5′	L erklärt den methodischen und inhaltlichen Verlauf der Doppelstunde.		- Vorkenntnisse nutzen und in die Lösung einbeziehen - Ergebnisse recherchieren und dokumentieren - Sich über Fachwissen austauschen - Ergebnisse präsentieren
2	EA	20′	S lösen ein Kreuzworträtsel.	M1, M2	
3	PA	15′	Tischnachbarn vergleichen die Ergebnisse und suchen gemeinsam die Bedeutung der Lösungswörter.	M3	
4	GA	20′	S entwerfen in GA ein Tafelbild zu den Linsenarten Sammellinse und Zerstreuungslinse.	M3	
5	EA	20′	Erstellung eines Tafelbildes auf einem DIN-A3-Blatt.	Din-A3-Blätter	
6	PL	10′	Präsentation im Museumsrundgang.	Klebepunkte	

Erläuterungen zur Lernspirale

Ziel der Doppelstunde ist die Wiederholung der Grundbegriffe der Optik. Dies wird über zwei unterschiedlich schwere Rätselarten erreicht. Anschließend sollen die Schüler Informationen über die Linsenarten aus ihrem Lehrbuch sammeln und ein Tafelbild entwerfen. Dabei werden die methodischen Kenntnisse der Schüler zur Foliengestaltung gefestigt.

Zum Ablauf im Einzelnen:
Im **1. Arbeitsschritt** erläutert der Lehrer den methodischen und prozeduralen Verlauf der Stunde.

Im **2. Arbeitsschritt** erhalten die Schüler die Rätsel M1 und M2. Als Variante kann, je nach Leistungsstärke der Klasse, das Material auch halbiert werden, sodass jeder Schüler nur eines der beiden Rätsel erhält.

Im **3. Arbeitsschritt** vergleichen die Schüler ihre Ergebnisse und helfen sich gegebenenfalls bei Lücken weiter. Die zu findenden Lösungswörter lauten Sammellinse und Zerstreuungslinse. Die Aufgabe der Partner besteht im Weiteren darin, im Lehrbuch Informationen über das Aussehen und die Anwendung der beiden Linsenarten zu finden. Eventuell müssen den Schülern zusätzliche Nachschlagewerke oder ein Internetzugang zur Verfügung gestellt werden.

In der Gruppe tragen die Schüler im **4. Arbeitsschritt** ihre Informationen zusammen und überlegen, wie ein Tafelbild zum Thema Linsen aussehen könnte. Sie beantworten dazu die Fragen nach dem Aussehen und der Nutzung der beiden Linsenarten. Leistungsstärkere Gruppen können zusätzlich auch den Strahlengang nachvollziehen und diesen schriftlich erläutern.

Im **5. Arbeitsschritt** erhalten die Schüler jeweils ein DIN-A3-Blatt und sollen in Einzelarbeit ein Tafelbild entwerfen. Dabei ist auf die bekannten Regeln der Visualisierung (Merkposten) zu achten.

Die Schüler hängen im **6. Arbeitsschritt** ihre Ergebnisse wie in einem Museum an den Wänden im Klassenraum oder Flur auf. Ohne Worte betrachten und bewerten die Schüler die Arbeiten. Dazu erhalten sie vom Lehrer jeweils drei Klebepunkte, die auf die besten Arbeiten geklebt werden. Zu berücksichtigen sind die inhaltliche Richtigkeit, die Einhaltung der Visualisierungsregeln sowie der Gesamteindruck.

Als Variante kann an jedem DIN-A3-Blatt ein Zettel angebracht werden, auf dem die Mitschüler stichpunktartig notieren, was ihnen gut gefällt oder was verbesserungswürdig erscheint. Mit diesen Hinweisen können die Schüler anschließend ihre Arbeiten ins Hausheft übertragen.

✓ Merkposten

Regeln der Visualisierung:
- Druckbuchstaben
- deutlich schreiben
- mehrere Farben verwenden
- Text und Bild gleichmäßig verteilen
- Überschrift

Notizen:

01 Ein Kreuzworträtsel zur Wiederholung der Grundlagen lösen

Löse das Kreuzworträtsel!

1. Geht von der Sonne aus.
2. Entsteht hinter undurchsichtigen Körpern.
3. Ist ein beleuchteter Körper.
4. Findet an einem Spiegel statt.
5. Stelle die Buchstaben sinnvoll um: OLT
6. Vergrößert ein Bild, wenn man hindurchsieht.
7. Ohne ___________ können wir nichts sehen.
8. Sie ist die wichtigste Lichtquelle.
9. Findet statt, wenn der Mond vor der Sonne steht.
10. Findet statt, wenn Licht auf Glas trifft.

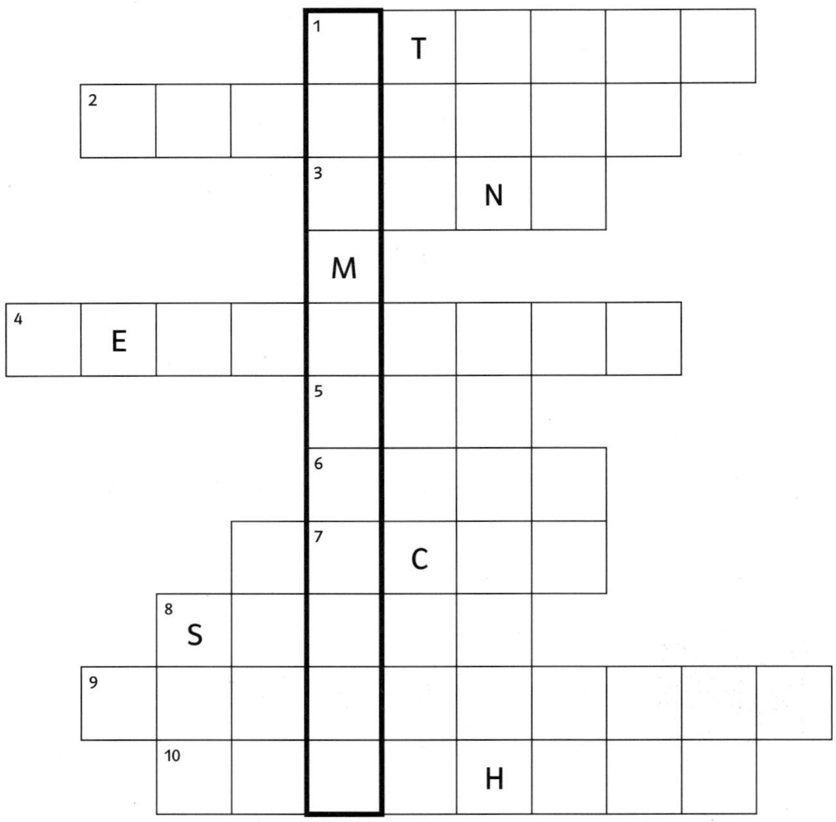

Lösungswort:

Zeichnung eines solchen Gegenstandes:

Finde folgende Wörter im Suchsel:

BRECHUNG – BRILLE – FINSTERNIS – LICHT – LINSE – LUPE – MOND – OPTIK – REFLEXION – SCHATTEN – SONNE – STRAHL

Sie können waagrecht, senkrecht, vorwärts und rückwärts versteckt sein.
Die Buchstaben, die übrig bleiben, ergeben zeilenweise gelesen das Lösungswort.

S	C	H	A	T	T	E	N	S
D	N	O	M	H	B	P	R	I
L	O	Z	B	C	R	U	E	N
H	P	L	R	I	I	L	F	R
A	T	I	E	L	L	E	L	E
R	I	N	C	R	L	S	E	T
T	K	S	H	T	E	R	X	S
S	E	E	U	U	U	N	I	N
S	O	N	N	E	G	S	O	I
L	I	[redacted]	G	N	S	E	N	F

Lösungswort:

Zeichnung eines solchen Gegenstandes:

	Sammellinse	Zerstreuungslinse
Skizze		
Beschreibung des Aussehens		
Beschreibung der Anwendung		
Beschreibung des Strahlengangs		
Skizze eines möglichen Tafelbildes		

LS 02 Die Eigenschaften der Lichtbrechung an Konvexlinsen untersuchen

		Zeit	Lernaktivitäten	Material	Kompetenzen
1	PL	5′	L erklärt den methodischen und inhaltlichen Verlauf der Doppelstunde.		– Vorwissen einsetzen, um einfache Experimente zu planen und durchzuführen – sich absprechen und auf einheitliches Vorgehen einigen – Ergebnisse auswerten – Arbeitsweise reflektieren
2	EA	10′	S vollziehen den Versuchsaufbau in EA nach.	M1	
3	PA	15′	S besprechen ihr Vorgehen mit einem Partner.		
4	PL	10′	Ein ausgelostes Tandem erklärt im PL den Versuch.		
5	EA	30′	Der Versuch wird durchgeführt.	Sammellinsen (verschiedene Dicken), Lichtquelle	
6	GA	10′	Die Ergebnisse werden in der Gruppe ausgetauscht.		
7	PL	5′	Eine ausgeloste Gruppe stellt ihre Ergebnisse vor.	M1 auf Folie	
8	PA	5′	Reflexion der gemeinsamen Arbeit.	M2	

Erläuterungen zur Lernspirale

Ziel der Doppelstunde ist die Erarbeitung des Strahlengangs an konvexen Linsen. Dazu sollen die Schüler in Partnerarbeit einen Versuch durchführen.

Zum Ablauf im Einzelnen:
Im **1. Arbeitsschritt** wird den Schülern der Ablauf der Doppelstunde erläutert. Dabei wird auf den verantwortungsvollen Umgang mit Experimentiergeräten hingewiesen.

Im **2. Arbeitsschritt** erhalten die Schüler M1. Das Protokollblatt ist aufmerksam zu lesen. Im ersten Teil erhalten die Schüler einige Informationen zu den Begriffen Brennweite und Brennpunkt. Daraus ergeben sich die Aufgaben für das Schülerexperiment. Die dritte Aufgabe wird von den leistungsstärkeren Schülern der Klasse aufgrund ihrer Kenntnisse über die Brechung beantwortet werden können.

Im **3. Arbeitsschritt** besprechen die Schüler paarweise ihre Erkenntnisse und klären offene Fragen. Die Partner finden sich durch die auf der Rückseite der Materialien gemachten Nummerierungen (Merkposten). Sie notieren anschließend, welche Geräte und Materialien sie für den Versuch benötigen und zeichnen einen Versuchsaufbau.

Im **4. Arbeitsschritt** gibt ein ausgelostes Tandem seine Überlegungen im Plenum wieder und beschreibt den geplanten Versuch. Sollten jetzt noch Fragen offen sein, können diese geklärt werden, bevor die Tandems im **5. Arbeitsschritt** den Versuch durchführen. Falls nicht genügend Experimentiersätze zur Verfügung stehen, kann auch in Gruppen experimentiert werden.

Spätestens für den **6. Arbeitsschritt** finden sich die Gruppen, zum Beispiel durch die Nummerierungen auf der Rückseite, zusammen. Sie gleichen Ihre Ergebnisse ab und besprechen die Auswertung. Gemeinsam suchen sie nach einer Begründung für die dritte Aufgabe.

Im **7. Arbeitsschritt** stellt eine Gruppe ihre Ergebnisse im Plenum vor. Dazu sollte der Lehrer eine Kopie des Protokolls auf Folie haben.

Im abschließenden **8. Arbeitsschritt** reflektieren die Partner ihre gemeinsame Arbeit anhand eines Reflexionsbogens (M2). Er sollte in ausreichender Menge kopiert werden. Hier sollen sie ihre Arbeitsleistung und Arbeitshaltung selbstkritisch einschätzen.

✓ Merkposten

Beschriften Sie das Material M1 auf der Rückseite mit 1a, 1b, 2a, 2b usw. Jede Kombination sollte zweimal vorkommen. So können im 2. Arbeitsschritt gleiche Nummerierungen (1a/1a und 1b/1b usw.) zusammenarbeiten und im 6. Arbeitsschritt alle 1er, 2er usw. eine Gruppe (1a/1a/1b/1b) bilden.

Notizen:

02 Die Eigenschaften der Lichtbrechung an Konvexlinsen untersuchen

Protokollblatt

Vorwissen:
Betrachtest du eine Sammellinse, stellst du fest, dass sie am Rand dünner ist als in der Mitte. Man sagt, sie hat eine konvexe Form. Trifft Licht auf eine Sammellinse, wird es so gebrochen, dass die Strahlen auf der anderen Seite einen Punkt durchlaufen, den Brennpunkt F. Der Abstand von der Linsenebene zu diesem Brennpunkt wird Brennweite genannt. Die Brennweite f hängt von der Dicke der Sammellinse ab.

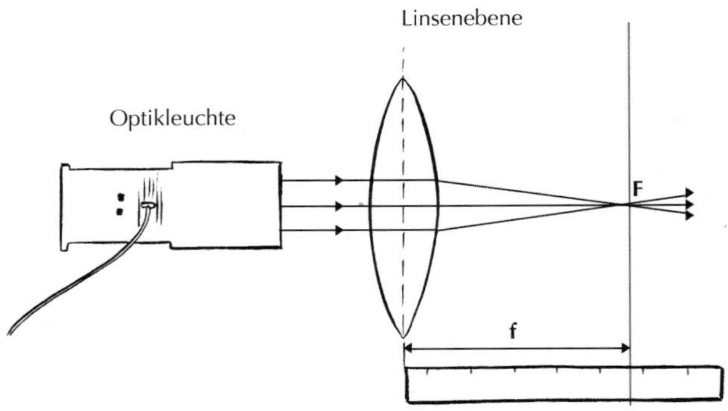

Aufgabe:
1. Bestimme die Brennweiten drei verschieden dicker Sammellinsen.
2. Was kannst du über den Zusammenhang von Brennweite und Dicke der Linse aussagen?
3. Begründe deine Ergebnisse.

Benötigtes Material:	**Versuchsaufbau:**

Durchführung:

Linse	Brennweite f in cm

Auswertung:

Reflexionsbogen zur Partnerarbeit

Namen der Partner/ Gruppe: ________________ ________________	stimmt	stimmt teilweise	stimmt kaum	stimmt nicht
Wir wussten nach der Besprechung, was zu tun ist.				
Wir haben den Versuch gemeinsam geplant und durchgeführt.				
Unser Ergebnis war richtig.				
Was lief während der Partnerarbeit gut?				
Was kann das nächste Mal verbessert werden?				

LS 03 Die Bildentstehung im menschlichen Auge beschreiben

		Zeit	Lernaktivitäten	Material	Kompetenzen
1	PL	5′	L erklärt den methodischen und inhaltlichen Verlauf der Doppelstunde.		– Modell zur Beschreibung eines physikalischen Sachverhaltes nutzen – Grundprinzipien wiedergeben – sich über physikalische Sachverhalte austauschen – Arbeitsergebnisse diskutieren und sich einigen
2	EA	15′	S wiederholen den Aufbau des Auges.	M1	
3	PA	20′	S tauschen sich im Doppelkreis über das Auge aus.		
4	LV	15′	S folgen einem Lehrervortrag und schreiben mit.	M2	
5	PA	20′	Die Aufzeichnungen werden verglichen und ergänzt. Am Modell eines Auges wird die Bildentstehung besprochen und geprobt.		
6	PA	15′	Ausgelostes Tandem präsentiert im Plenum.	Modell des Auges	

✓ Merkposten

Die Schüler sollten den Aufbau des Auges grundsätzlich aus dem Biologieunterricht kennen.

Im 4. Arbeitsschritt kann der Lehrer auch auf einen Lehrfilm zurück greifen.

Erläuterungen zur Lernspirale

Ziel der Doppelstunde ist die Erarbeitung des Strahlengangs und der Bildentstehung am Auge. Die Schüler sollen dabei neben den Begriffen Brennweite und Brennpunkt ihre Vorkenntnisse zum Aufbau des Auges nutzen.

Zum Ablauf im Einzelnen:
Im **1. Arbeitsschritt** wird der zweistündige Verlauf durch den Lehrer erläutert. Dafür kann der Sozialformwechsel sowie die durchzuführenden Aktivitäten der Schüler in Kurzform dargestellt werden.

Im **2. Arbeitsschritt** beginnen die Schüler mit der Auffrischung ihrer Kenntnisse zum Auge. Dazu erhalten sie M1. Die Schüler sollen die Bestandteile des Auges beschriften und anschließend die Funktion der einzelnen Teile erläutern. Dazu soll der Text gelesen und Wichtiges markiert werden. Anschließend erstellen die Schüler einen Spickzettel, um sich auf den Doppelkreis im **3. Arbeitsschritt** vorzubereiten. Alternativ kann dazu auch entsprechende Software für Aktiv- oder Smartboards verwendet werden.

Im **4. Arbeitsschritt** verfolgen die Schüler einen Lehrervortrag über das Sehen. Der Lehrer erläutert dabei die Bildentstehung im Auge und die Anpassung der Linse an unterschiedlich entfernte Gegenstände (Akkomodation). Unterstützend kann er dazu M2 auf Folie einsetzen. Zusätzlich kann der Lehrer auf die unterschiedlichen Zellarten auf der Netzhaut eingehen sowie auf den Blinden Fleck. Während des Vortrags sollen sich die Schüler Notizen machen.

Im **5. Arbeitsschritt** vergleichen und ergänzen die Schüler ihre Aufzeichnungen. Zusätzlich planen und proben sie ihre Präsentation zur Bildentstehung. Den Schülern kann zusätzlich ein Modell des Auges zur Verfügung gestellt werden.

Im **6. Arbeitsschritt** wird mindestens ein Tandem ausgelost, das die Bildentstehung am Auge vor der Klasse präsentiert und dabei die Teile des Auges benennt.

Info Doppelkreis
Die Schüler bilden einen Stehkreis, der aus einem Außen- und einem Innenkreis besteht. Dabei sollten sich die Zufallspartner gegenüberstehen. Nun rückt der Innenkreis zwei Schüler weiter. Der Innenkreis erzählt dem Vertreter des Außenkreises die Inhalte seines Infotextes und umgekehrt. Durch Rotation des Innen- bzw. Außenkreises entstehen neue Partnerkonstellationen. Das Weiterrücken des Innen- bzw. Außenkreises kann durch ein akustisches Signal bestimmt werden.

Notizen:

03 Die Bildentstehung im menschlichen Auge beschreiben

LS 03.M1 Das Auge

A1 Ordne die Begriffe der Abbildung richtig zu!

Hornhaut
Iris
Linse
Netzhaut
Pupille
Ringmuskel
Sehnerv

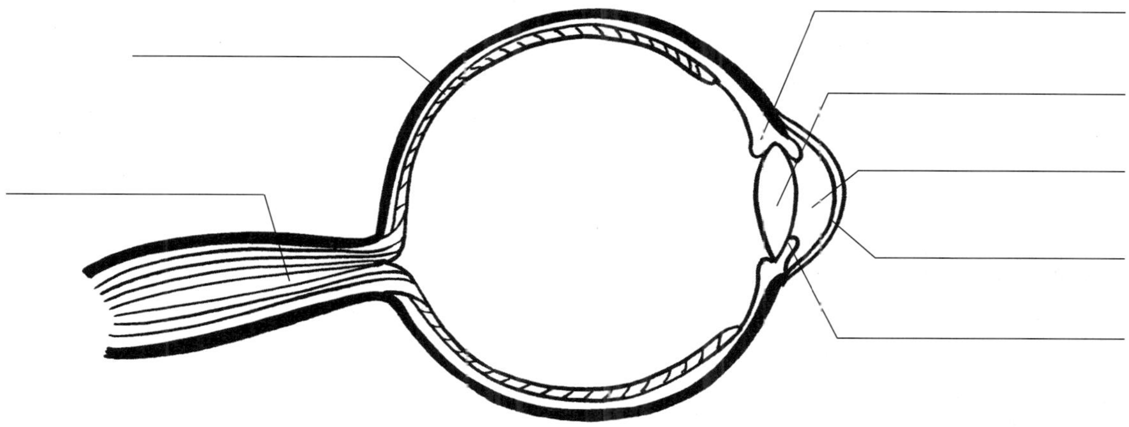

A2 Lies den Text und markiere die wesentlichen Informationen über die Funktion der Bestandteile des Auges. Fertige anschließend einen Spickzettel für das Doppelkreisgespräch an.

Fällt Licht durch die Hornhaut, die Pupille und die Linse auf die Netzhaut in unser Auge, können wir Gegenstände sehen. Die Hornhaut schützt das Auge vor Fremdkörpern. Die Iris, die die Augenfarbe bestimmt, regelt den Lichteinfall. Ist es besonders hell, schließt sich die Iris. Die Pupille, eine Öffnung ins Augeninnere, wird verkleinert, sodass nur wenig Licht ins Auge kommt. Ist es dunkel, öffnet sich die Iris und die Pupille vergrößert sich. Jetzt kann mehr Licht ins Augeninnere eindringen. Die empfindlichen Sehzellen, die sich auf der Netzhaut befinden, werden durch die Regulierung des Lichteinfalls geschützt. Trifft das Licht auf die Linse im Auge, wird es gebrochen. Mit dem Ringmuskel ist es unserem Auge möglich, die Brennweite der Linse an die Objekte, die wir sehen, anzupassen. Aus diesem Grund kann auf der Netzhaut ein Bild entstehen. Die Sehzellen, die auf der Netzhaut vom Licht gereizt werden, senden durch den Sehnerv Signale an unser Gehirn, welches die Informationen in der sogenannten Sehrinde verarbeitet.

LS 03.M2 Bildentstehung

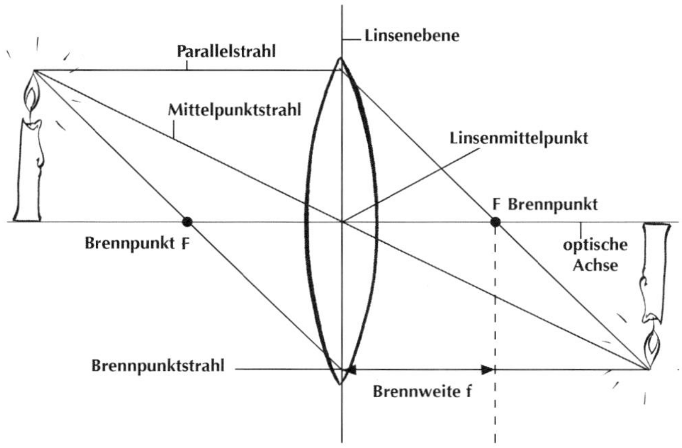

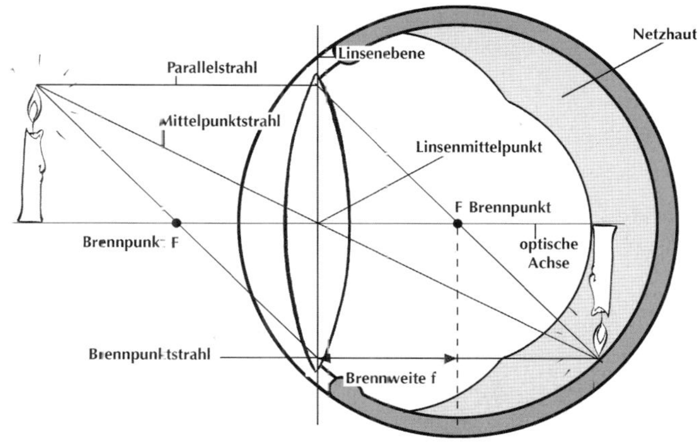

LS 04 Sich über die Kurz- und Weitsichtigkeit im Doppelkreis austauschen

		Zeit	Lernaktivitäten	Material	Kompetenzen
1	PL	5′	L erklärt den methodischen und inhaltlichen Verlauf der Doppelstunde.		- sich über physikalische Sachverhalte austauschen - Fachsprache nutzen - Phänomene der Kurz- und Weitsichtigkeit verstehen und beschreiben - Texte am Computer formatieren
2	EA	10′	S lesen entweder Text A (Kurzsichtigkeit) oder Text B (Weitsichtigkeit) und markieren Wichtiges.	M1, M2	
3	PA	10′	Mit einem textgleichen Partner werden die Markierungen verglichen und Schlüsselwörter festgelegt.		
4	EA	10′	S fertigen einen Spickzettel mit maximal zehn Wörtern an.		
5	PA	10′	Im Doppelkeis werden die Informationen ausgetauscht.		
6	PA	15′	S entwerfen ein Arbeitsblatt für Kurz- und Weitsichtigkeit sowie die Wirkung einer Brille.		
7	EA	30′	S erstellen das Arbeitsblatt am Computer.		

Erläuterungen zur Lernspirale

Ziel der Doppelstunde ist die Beantwortung der Frage: Wann braucht man eine Brille? Die Schüler sollen dazu selbst Informationen sammeln und ihre Fertigkeiten am Computer verbessern.

Zum Ablauf im Einzelnen:
Im **1. Arbeitsschritt** wird der zweistündige Verlauf durch den Lehrer erläutert.

Anschließend erhalten die Schüler im **2. Arbeitsschritt** einen Text, der entweder Informationen zur Kurzsichtigkeit (M1) oder zur Weitsichtigkeit (M2) enthält. Mit Bleistift und Lineal soll das Wichtigste unterstrichen werden.

Im **3. Arbeitsschritt** vergleichen textgleiche Partner ihre Markierungen und entscheiden sich für Schlüsselwörter, die sie erst jetzt mit einem Textmarker markieren. Offene Fragen zum Textverständnis können geklärt werden.

Im **4. Arbeitsschritt** wird von jedem Schüler in Einzelarbeit ein Spickzettel erstellt. Als erschwerende Bedingung erhalten die Schüler die Auflage, nicht mehr als zehn Wörter aufzuschreiben. Symbole und Bilder können sie unbegrenzt verwenden.

Im **5. Arbeitsschritt** bilden die Schüler mit dem Text M1 einen Außenkreis, die Schüler mit Text M2 den Innenkreis. Jetzt findet einen intensiver Austausch über die Inhalte der Texte statt. Ein mehrfaches Rotieren ist ratsam. Es ist auch möglich, nach jeder Rotation zunächst die Informationen des jeweils anderen (vorher gehörten) Textes wiederzugeben, bevor der eigene Text referiert wird.

Für den **6. Arbeitsschritt** sollten Paare mit jeweils einem Text M1 und M2 zusammenarbeiten. In dieser Phase können auch Vierergruppen gebildet werden. Es soll ein Arbeitsblatt entworfen werden, das alle notwendigen Informationen zur Kurz- und Weitsichtigkeit sowie zur Brillennutzung enthält. Die Schüler können einen Lückentext entwerfen, Fragen formulieren etc.

Erst wenn es einen schriftlichen Entwurf für das Arbeitsblatt gibt, können die Schüler zum **7. Arbeitsschritt** übergehen. In ihm sollen sie mithilfe des Computers ein Arbeitsblatt erstellen. Durch die Arbeit am Computer ist auch die Recherche nach passenden Bildern möglich. Je nach Leistungsstand der Klasse und technischen Möglichkeiten an der Schule nimmt die Gestaltung der Arbeitsblätter mehr Zeit in Anspruch. Als zusätzlicher Schritt können die ausgedruckten Arbeitsblätter an die Schüler zum Lösen verteilt werden. Natürlich sollen die Schüler dabei nicht die jeweils eigenen Entwürfe bearbeiten.

Notizen:

04 Sich über die Kurz- und Weitsichtigkeit im Doppelkreis austauschen

LS 04.M1 Kurzsichtigkeit

Wer in der Nähe scharf sehen kann, aber in die Weite unscharf sieht, ist kurzsichtig.
Bei Kurzsichtigkeit entsteht auf der Netzhaut ein unscharfes Bild. Grund dafür ist ein zu langer Augapfel. Ein scharfes Bild entsteht vor der Netzhaut. Die Linse im Auge kann sich nicht genügend anpassen, um das Bild auf der Netzhaut abzubilden.

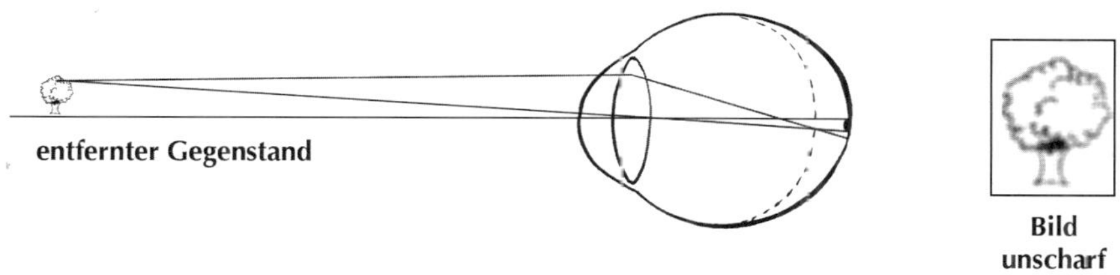

Die Kurzsichtigkeit ist eine Sehschwäche, die durch eine Brille mit Zerstreuungslinse reguliert werden kann. Sie verändert den Einfallswinkel des Lichts ins Auge so, dass das Bild auf der Netzhaut entsteht.

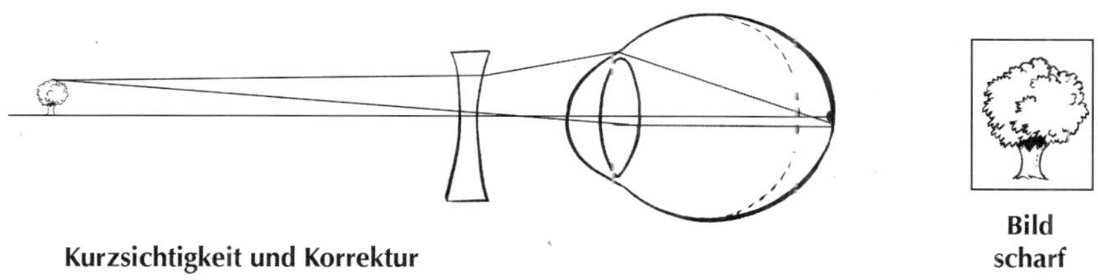

Kurzsichtigkeit und Korrektur

LS 04.M2 Weitsichtigkeit

Wer in die Ferne scharf sehen kann, aber in der Nähe nur unscharf sieht, ist weitsichtig.
Bei Weitsichtigkeit entsteht auf der Netzhaut ein unscharfes Bild. Grund dafür ist ein zu kurzer Augapfel. Ein scharfes Bild entsteht hinter der Netzhaut. Die Linse im Auge kann sich nicht genügend anpassen, um das Bild auf der Netzhaut abzubilden. Dies tritt vor allem im Alter auf. In diesem Falle spricht man von Altersweitsichtigkeit. Die Linse im Auge ist dann einfach nicht mehr so elastisch.

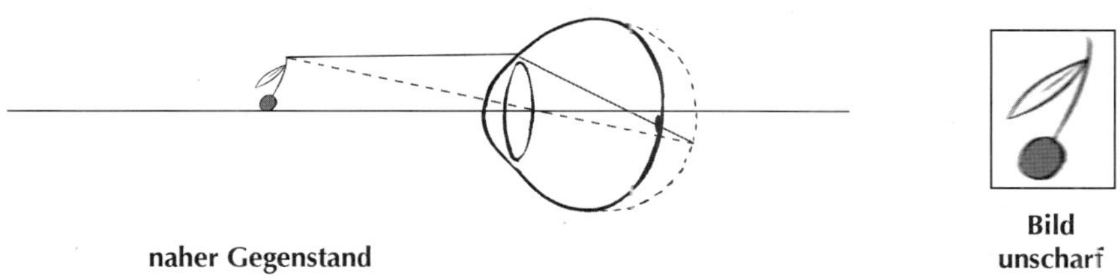

Die Weitsichtigkeit ist eine Sehschwäche, die durch eine Brille mit Sammellinse reguliert werden kann. Sie verändert den Einfallswinkel des Lichts ins Auge so, dass das Bild auf der Netzhaut entsteht.

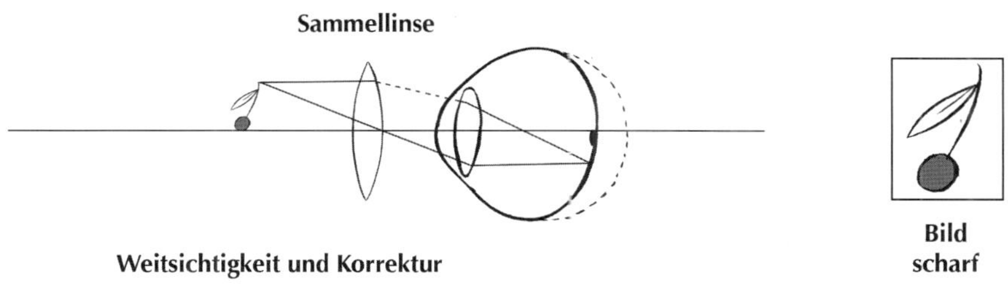

Weitsichtigkeit und Korrektur

LS 05 Lernstationen zu optischen Geräten als „Praktikum" durchführen

		Zeit	Lernaktivitäten	Material	Kompetenzen
1	PL	5′	L erklärt den methodischen und inhaltlichen Verlauf der Lernspirale.	M1	- Grundkenntnisse zur Optik nutzen - mit physikalischen Experimentiergeräten umgehen - einfache Experimente planen und durchführen - mit einem Partner arbeiten, planen, sich einigen - Modelle zur Wissensgenerierung verwenden - den Aufbau und die Wirkungsweise einfacher technischer Geräte beschreiben
2	GA	15′	S sichten die Stationen.		
3	PA	30′	Die ersten Stationen werden bearbeitet.	M2, M3, M4	
4	PL	15′	S äußern sich zu einer der bearbeiteten Stationen und können Fragen stellen.		
5	PA	30′	Weitere Stationen werden bearbeitet.	M3, M4	
6	GA	15′	S bereiten die Präsention einer Station vor.		
7	PL	25′	Per Los präsentiert je ein S die Stationsergebnisse.		

✓ **Merkposten**

Für die Bearbeitung stehen sechs Stationen zur Verfügung:
1 – Lupe
2 – Fotoapparat
3 – Overheadprojektor
4 – Fernrohr
5 – Mikroskop.

Bonusstationen:
6a – „Der sonderbare Kreisel"
6b – „Die Farben des weißen Lichts"
6c – Die Lochkamera

* Das notwendige Material ist den Stationskarten zu entnehmen.

Tipp:
Es ist ratsam für alle Stationen mindestens zwei Anlaufpunkte zur Verfügung zu stellen.

Erläuterungen zur Lernspirale

Ziel der Stunden ist die reflektierte Arbeit an freien Stationen zu optischen Geräten. Die Schüler entscheiden, mit welcher Station sie beginnen. Es gibt keine vorgeschriebene Reihenfolge.

Zum Ablauf im Einzelnen:
Im **1. Arbeitsschritt** erklärt der Lehrer den methodischen Ablauf der Lernspirale. Die Schüler erhalten einen Laufzettel, der ihnen einen ersten Einblick in das bevorstehende Praktikum gibt. Die Schüler sollten mindestens vier Stationen erarbeiten. Um einen Stau zu vermeiden, können weitere Bonusstationen zur Verfügung gestellt werden.

Im **2. Arbeitsschritt** sichten die Schüler die vorliegenden Stationen. Dazu werden Gruppen mit je vier Schülern gebildet. Dies kann zum Beispiel mittels Spielkarten geschehen. Im Rhythmus von jeweils zwei Minuten sichten die Gruppen die Stationen, um die Aufgaben zu überfliegen.

Im **3. Arbeitsschritt** wird immer zwei Schülern einer Gruppe die Startstation zugewiesen (M2). Das Tandem bleibt für die Bearbeitung der Lernstationen zusammen.

In dieser ersten Bearbeitungsphase sollten zwei Stationen (M3) erarbeitet werden. Hierbei gilt, dass eine begonnene Station beendet werden muss, bevor zur nächsten gewechselt wird. Sollten bei einem Stationenwechsel alle fünf Stationen besetzt sein, weicht das Tandem auf eine der drei Bonusstationen aus.

Im **4. Arbeitsschritt** wird eine Zwischenbilanz gezogen. Dazu ordnen sich die Schüler einer bearbeiteten Station zu. Pro Station entstehen neue Gruppen, die nicht größer als fünf Schüler sein sollten. Jetzt können Lernstände verglichen und Fragen geklärt werden.

Im **5. Arbeitsschritt** werden weitere Stationen bearbeitet.

Im **6. Arbeitsschritt** wird jeder Schüler einer Station zugelost (M2). In diesen neu entstandenen Gruppen werden die Lernerträge verglichen und eine Präsentation der Station vorbereitet.

Einer der Schüler wird für den **7. Arbeitsschritt** ausgelost, um das optische Gerät vor dem Plenum vorzustellen.

Notizen:

05 Lernstationen zu optischen Geräten als „Praktikum" durchführen

LS 05.M1 Laufzettel zum Praktikum

Laufzettel

Du sollst mit einem Partner ein Praktikum durchführen. Während der nächsten Physikstunden werdet ihr selbstständig optische Geräte untersuchen, Versuche aufbauen, Informationen sammeln und jede Menge Aufgaben lösen.

Es gibt 5 Praktikumsstationen:
1 – Wenn die Augen zu schwach sind – die Lupe
2 – Das technische Auge – der Fotoapparat
3 – Für Folien der Richtige – der Overheadprojektor
4 – Ferne Dinge ganz nah – das Fernrohr
5 – Kleine Dinge ganz groß – das Mikroskop

Wenn ihr euch für eine Station entschieden habt, beendet diese, bevor ihr mit einer neuen Station beginnt. Die Reihenfolge, in der ihr arbeitet, ist euch überlassen. Lest die Aufgaben genau und tragt eure Ergebnisse in die Laufzettel an der richtigen Stelle ein. Einige Stationen sind mehrfach vorhanden. Dennoch kann es sein, dass ihr nach Beendigung einer Station nicht sofort zu einer nächsten wechseln könnt, weil alle Stationen besetzt sind.

Für diesen Fall gibt es drei Bonusstationen, an denen ihr etwas bauen oder untersuchen könnt:
6a – Der sonderbare Kreisel
6b – Das Prisma
6c – Die Lochkamera

Für die erfolgreiche Teilnahme am Praktikum erhaltet ihr Punkte. Wie viele das sind, könnt ihr in der nebenstehenden Tabelle ablesen. Arbeitet ihr auch an den Bonusstationen, erhaltet ihr Bonuspunkte, um euren Kontostand aufzubessern.

Viel Erfolg!

Nr.	Punkte max.	Punkte erreicht
1	7	
2	10	
3	6	
4	6	
5	6	
6a	3	
6b	3	
6c	3	
Gesamt	35 + 9	

LS 05.M2 Kärtchen zum Auslosen

Station 1	Station 2	Station 3	Station 4
Station 5	Bonusstation 6a	Bonusstation 6b	Bonusstation 6c

Station 1:
Wenn die Augen zu schwach sind – die Lupe

Material:
- verschiedene Sammellinsen
- Teelicht
- Schiene und Halterungen für Sammelllinse und Schirm
- Blatt Papier
- Schirm

A1

a) Stelle dich mit dem Rücken zu einem Fenster und versuche nun, mit der Sammellinse auf dem Blatt Papier ein Bild des Fensters abzubilden. Beschreibe das Bild.
b) Verwende für den gleichen Versuch noch eine andere Sammellinse. Wie verändert sich das Bild?

A2

a) Setze die Sammellinse und den Schirm auf die Experimentierschiene. Entzünde nun das Teelicht und stelle es vor die Sammellinse. Verschiebe den Schirm auf der anderen Seite der Sammellinse so, dass ein scharfes Bild der Kerze zu sehen ist.
b) Verkürze die Entfernung zwischen Kerze und Sammellinse (Gegenstandsweite) – wohin musst du den Schirm schieben, um ein scharfes Bild zu erhalten?
c) Vergrößere die Entfernung zwischen Kerze und Sammellinse – wohin musst du den Schirm schieben, um ein scharfes Bild zu erhalten?
d) Wie verändert sich jeweils das Bild?

A3

Betrachte die folgende Abbildung ganz genau. Sie zeigt, wo das Bild an einer Sammellinse entsteht, wenn der Gegenstand sehr nah an der Linse steht.
In diesem Fall entsteht kein reelles Bild, das mit dem Schirm aufgefangen werden kann. Unser Gehirn spielt uns einen Streich, denn es geht davon aus, dass sich Lichtstrahlen geradlinig ausbreiten. Die Brechung des Lichts beim Durchdringen der Glasoberflächen der Linse nimmt es nicht wahr. Gedanklich verlängern wir die Lichtstrahlen, die in unser Auge fallen, rückwärts bis sie sich schneiden würden. Der so entstandene scheinbare Schnittpunkt ist für unser Gehirn der Ursprung des Lichtstrahls. Deshalb sehen wir dort einen vergrößerten Gegenstand. Dieses Bild ist aber nicht reell, sondern ein virtuelles Bild.

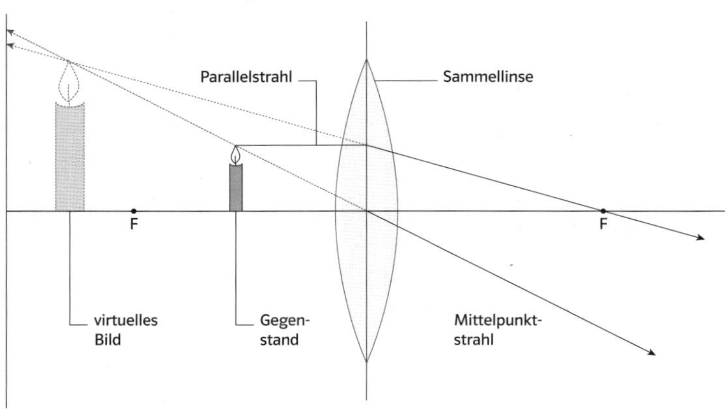

Versuche nun, das virtuelle Bild des Gegenstandes auf deinem Arbeitsblatt zu konstruieren.
Bedenke dabei:
- Parallelstrahlen werden so gebrochen, dass sie durch den Brennpunkt verlaufen.
- Der Mittelpunktstrahl wird nicht gebrochen.
- Der Brennpunktstrahl wird so gebrochen, dass er hinter der Linse parallel zur optischen Achse verläuft.

Station 2:
Das technische Auge – der Fotoapparat

Material:
- ein alter Fotoapparat
- beschriftete Karten

A1 Untersuche einen alten Fotoapparat. Welche wichtigen Teile kannst du finden? Welche Gemeinsamkeiten mit dem Auge kannst du feststellen? Nutze dazu die Karten, indem du sie sortierst.

A2 Beschrifte die Teile des Fotoapparates auf dem Arbeitsblatt.

A3 Erkläre die Funktionen der Kamerateile auf dem Arbeitsblatt.

A4 Als Belichtungszeit wird der Zeitraum bezeichnet, in dem der Film dem Licht bei der Aufnahme ausgesetzt wird. Mithilfe der Blende kann die Lichtmenge, die durch das Objektiv einfällt, gesteuert werden. Überlege, was passieren kann, wenn die Belichtungszeit zu groß ist.

FILM	BLENDE
OBJEKTIV	*IRIS*
LINSE	*NETZHAUT*
KAMERA	**AUGE**
BLENDENÖFFNUNG	*PUPILLE*

✓ **Merkposten**

Für die Station sind die Karten zu kopieren, auszuschneiden und an der Station bereitzustellen.

Station 3:
Für Folien der Richtige – der Overheadprojektor

Material:
- Overheadprojektor
- beschriftete Karten

A1 Untersuche einen Overheadprojektor und beschrifte die Teile auf dem Arbeitsblatt. Nutze dazu die Karten und frage deinen Lehrer, wie du das Gerät öffnen kannst, um in das Innere zu sehen.

A2 Verfolge den Strahlenverlauf in der Abbildung auf dem Arbeitsblatt und male ihn gelb aus.

A3 Beschreibe die Wirkungsweise, indem du die Textstreifen richtig anordnest. Übernimm ihn auf das Arbeitsblatt.

A4 Welche Eigenschaften hat das Bild an der Wand?

A5 Wozu ist die Fresnellinse da?

Beim Overheadprojektor muss eine sehr große Arbeitsfläche ausgeleuchtet werden. Würde man dazu eine normale Linse benutzen, wäre diese sehr schwer und dick. Die gleiche Wirkung erreicht man mit einer flachen Kunststoffscheibe besonderer Art. Sie heißt nach ihrem Erfinder: FRESNEL-Linse.

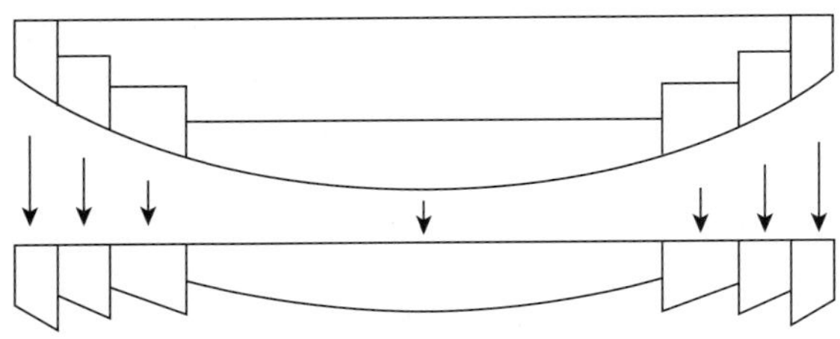

Merkposten

Für die Station sind die Karten und Satzstreifen zu kopieren, auszuschneiden und an der Station bereitzustellen.

HOHLSPIEGEL	**OBJEKTIV (LINSE)**	**FRESNELLINSE (KONDENSOR)**
UMLENKSPIEGEL	**LAMPE**	**GEGENSTAND (FOLIE)**

Das Licht trifft auf die

Fresnellinse und leuchtet dadurch die

Folie gut aus. Die Objektivlinse

bricht das Licht. Es trifft

auf einen Umlenkspiegel und

wird an die „weiße Wand“ projeziert.

Station 4:
Ferne Dinge ganz nah – das Fernrohr

Material:
- Schiene mit Halterungen für Sammellinsen
- Schirm
- verschiedene Sammellinsen

A1 Lies den Text und betrachte das Bild genau.
Beschreibe Aufbau und Funktion des Fernrohrs mithilfe der Zeichnung und des Lückentextes auf dem Arbeitsblatt. Beschrifte die Abbildung auf dem Arbeitsblatt.

A2 Male den Weg des Lichts gelb nach.

A3 Baue mit den Experimentiergeräten das Modell eines Fernrohrs nach und fange mit dem Schirm ein Bild auf. (z. B. einen Baum)

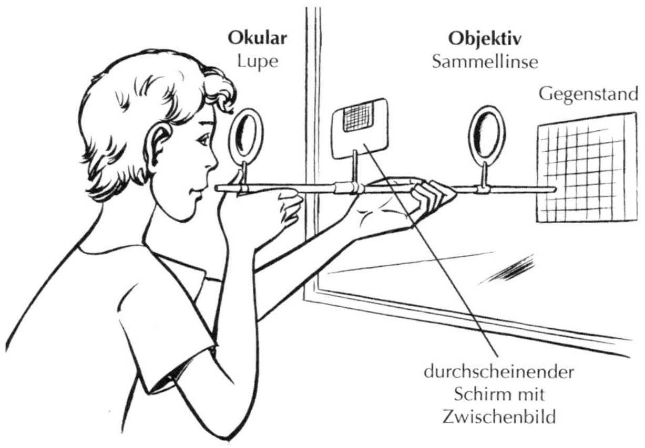

Mithilfe eines Fernrohrs kann man Objekte aus großen Entfernungen deutlicher sehen. Es besteht aus einem Objektiv und einem Okular. Der Abstand zwischen beiden Linsen wird als Tubus bezeichnet.
Mit dem Objektiv wird ein Zwischenbild des beobachteten Gegenstandes erzeugt. Dieses Zwischenbild kann mit einem Schirm (wie im Bild links) aufgefangen werden. Eine weitere Sammellinse, das Okular, wirkt wie eine Lupe und vergrößert für uns das Bild noch einmal. So können wir den Gegenstand genau betrachten.

Station 5:
Kleine Dinge ganz groß – das Mikroskop

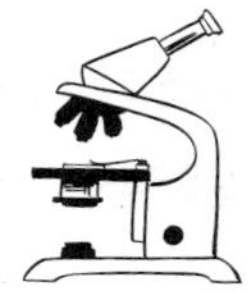

Material:
- Stativ mit Stativstab
- Objektträger
- Schirm
- ein Mikroskop aus der Schulsammlung
- Sammellinsen
- Experimentierleuchte
- Präparat

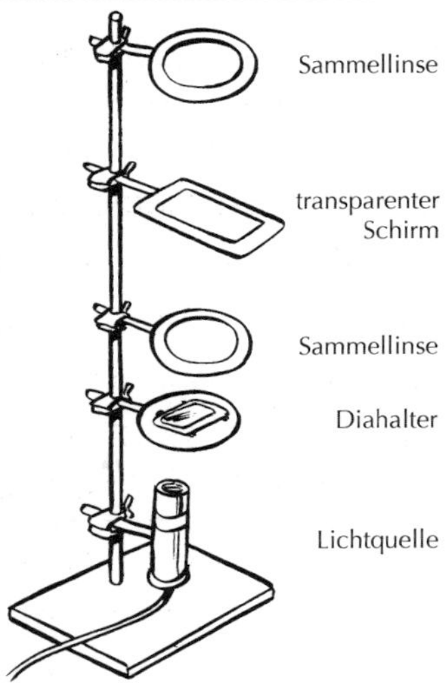

A1 Baue mit den Experimentiergeräten ein Mikroskop ähnlich wie in der Abbildung nach. Beschreibe den Weg des Lichts mit deinen eigenen Worten.

A2 Betrachte anschließend ein Mikroskop, das dir vom Lehrer zur Verfügung gestellt wird und zeichne es ab.

Station 6a:
Der sonderbare Kreisel

Material:
- Pappe
- Geodreieck
- Bleistift
- Schere
- Farbstifte oder Wasserfarben

A1 Stelle aus Pappe vier Kreise mit einem Durchmesser von 11 cm her. Male sie wie im Beispiel unten an.

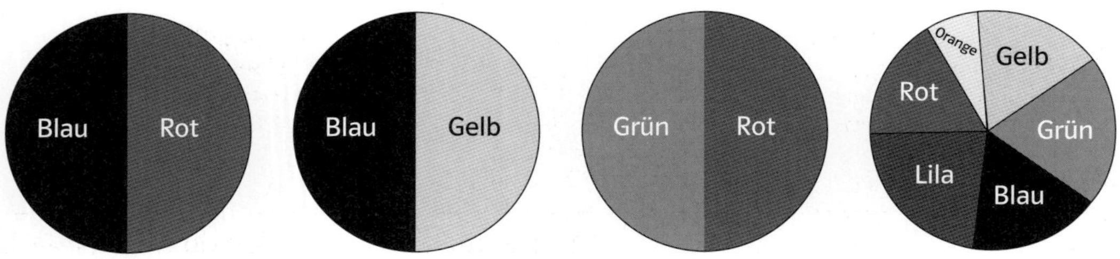

Blau, Rot = 180°   Blau, Gelb = 180°   Grün, Rot = 180°   Rot, Blau, Gelb = 60° Lila = 80° Grün = 70° Orange = 30°

A2 Bohre nun ein kleines Loch genau in die Mitte des Kreises und schiebe dort einen Zahnstocher hindurch, sodass der Kreisel gedreht werden kann.

A3 Welche Farben wirst du wohl sehen, wenn sich die Kreisel drehen?

Station 6b:
Die Farben des weißen Lichts

Material:
- Experimentierleuchte (oder Overheadprojektor)
- Prisma

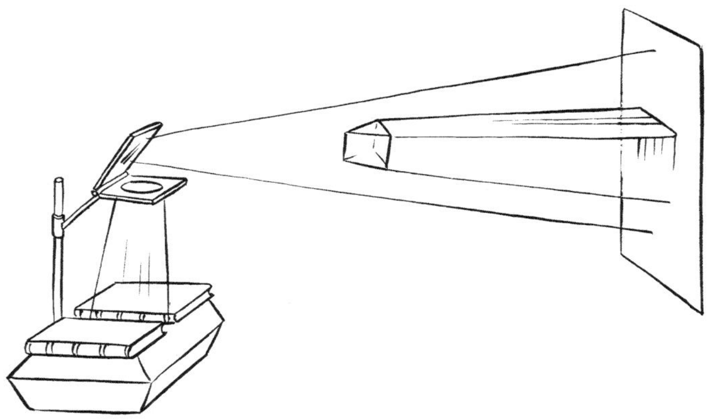

Trifft weißes Licht auf ein Prisma, passiert etwas erstaunliches. Das Licht wird in seine Spektralfarben zerlegt.

A1 Zerlege mithilfe der Experimentiergeräte weißes Licht in die Spektralfarben. Wie sind die Farben angeordnet? Zeichne es auf deinem Arbeitsblatt auf.

A2 Informiere dich in deinem Lehrbuch über die Farben des Lichts, die man nicht sehen kann.

A3 Erstelle einen „Spickzettel“, mit dem du einen Vortrag über das „unsichtbare“ Licht halten kannst und klebe ihn auf dein Arbeitsblatt.

Station 6c:
Die Lochkamera

Material:
- Blechdose oder Papprolle
- Aluminiumfolie
- Gummi
- Nagel, Hammer
- Transparent- oder Butterbrotpapier
- Bleistift

So wird sie gebaut:

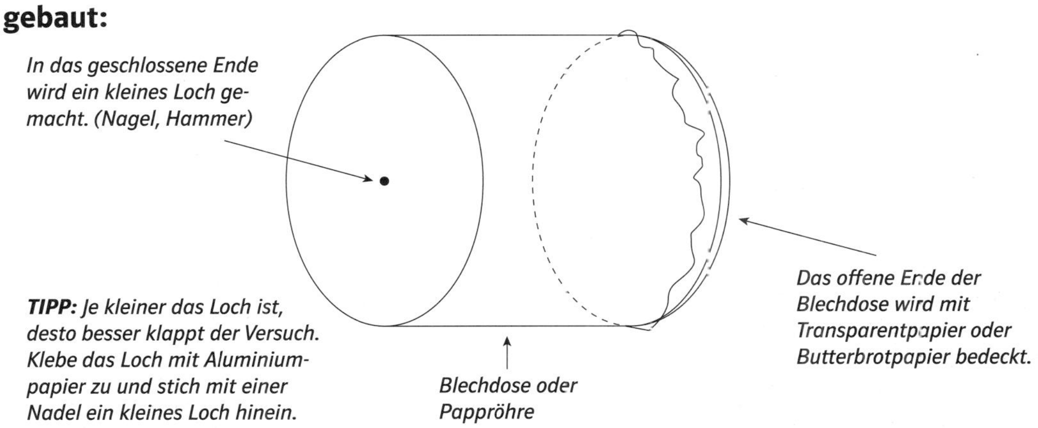

Jetzt bist du dran:

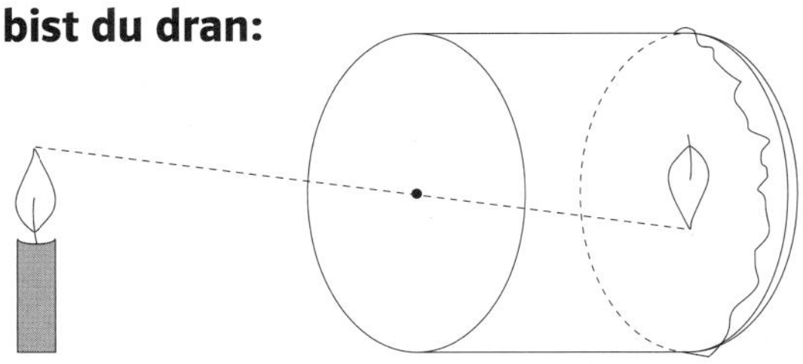

Suche dir ein Objekt, das du mit deiner Lochkamera aufnehmen willst. Wenn es auf dem Butterbrotpapier abgebildet wird, musst du es nur noch mit dem Bleistift nachzeichnen.

Wenn die Augen zu schwach sind – die Lupe (AB zu Station 1)

A1

a) Beschreibe das Bild von Station 1!

b) Wie verändert sich das Bild bei Verwendung einer anderen Sammellinse?

A2

d) Wie verändert sich das Bild beim Ändern der Entfernung zwischen Kerze und Sammellinse?

A3 Konstruiere das virtuelle Bild!

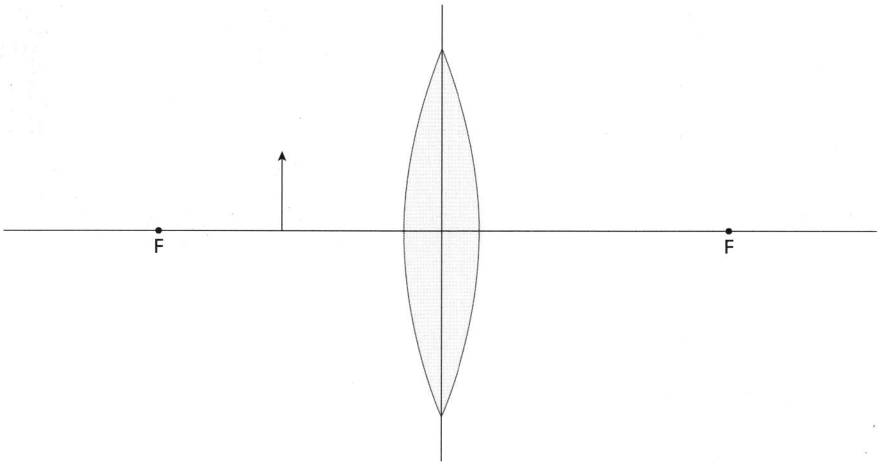

a) Streiche die falschen Aussagen durch:
verkleinert – vergrößert
reelles Bild – virtuelles Bild
seitenverkehrt – seitenrichtig

b) Wo/von wem werden Lupen genutzt?

Das technische Auge – der Fotoapparat (AB zu Station 2)

A1 Welche Teile des Auges haben eine ähnliche Funktion wie die aufgelisteten Teile eines Fotoapparates? Ordne zu.

Nr.	Auge	Fotoapparat
1		Objektiv
2		Blende
3		Blendöffnung
4		Film

A2 Beschrifte die Teile des Fotoapparates und des Auges mit der entsprechenden Nummer aus A1.

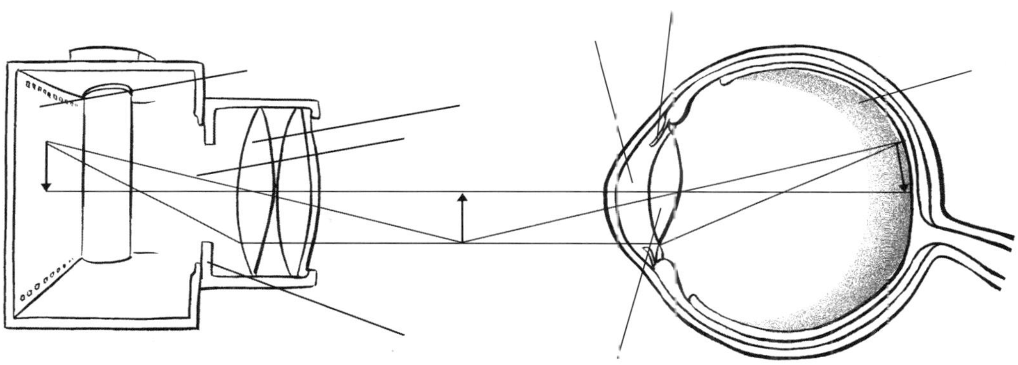

A3 Erkläre die Funktion der Kamerateile.

Objektiv:

Blende:

Blendöffnung:

Film:

A4 Was kann passieren, wenn die Belichtungszeit bei der Aufnahme zu groß ist?

Für Folien der Richtige – der Overheadprojektor (AB zu Station 3)

A1 Beschrifte die Teile des Overheadprojektors.

A2 Male den Strahlenverlauf gelb aus.

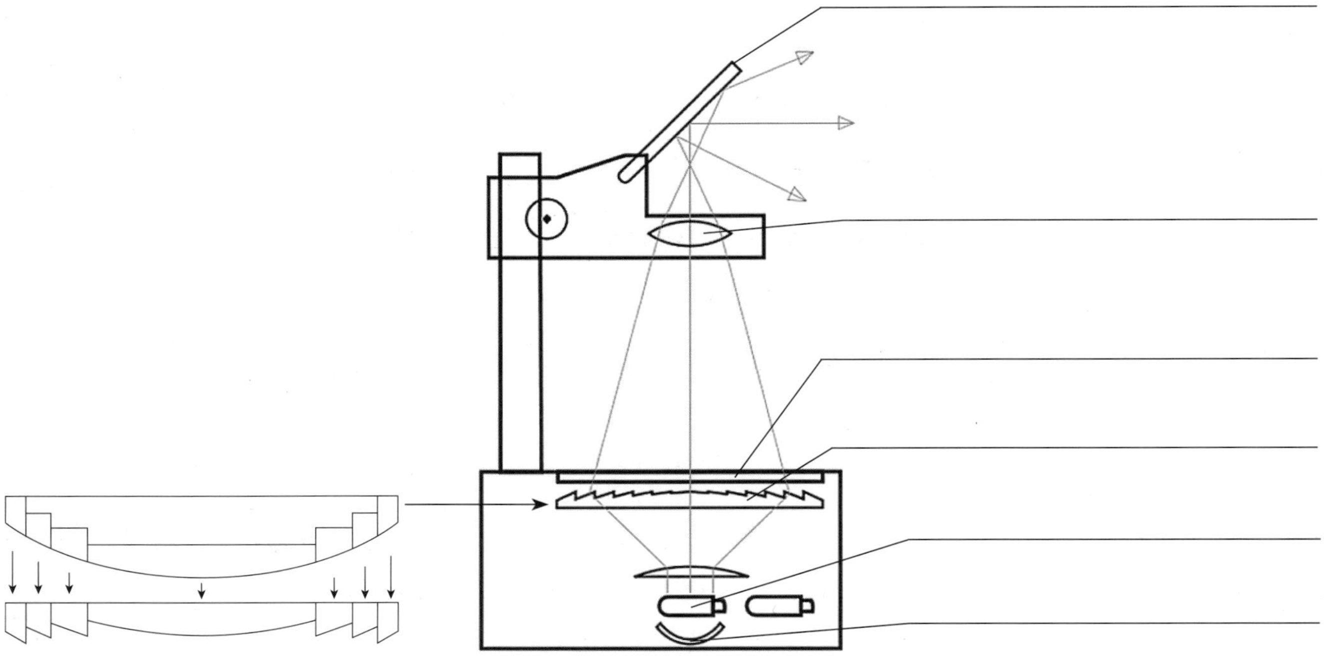

A3 Beschreibe den Strahlenverlauf am Overheadprojektor!

____

____

____

____

____

A4 Welche Eigenschaften hat das Bild an der Wand? Streiche die flaschen Aussagen durch!

verkleinert – vergrößert

reelles Bild – virtuelles Bild

seitenverkehrt – seitenrichtig

A5 Wozu ist die Fresnellinse da?

____

____

____

____

____

Ferne Dinge ganz nah – das Fernrohr (AB zu Station 4)

A1 Beschrifte die Zeichnung und fülle den Lückentext sinnvoll aus.

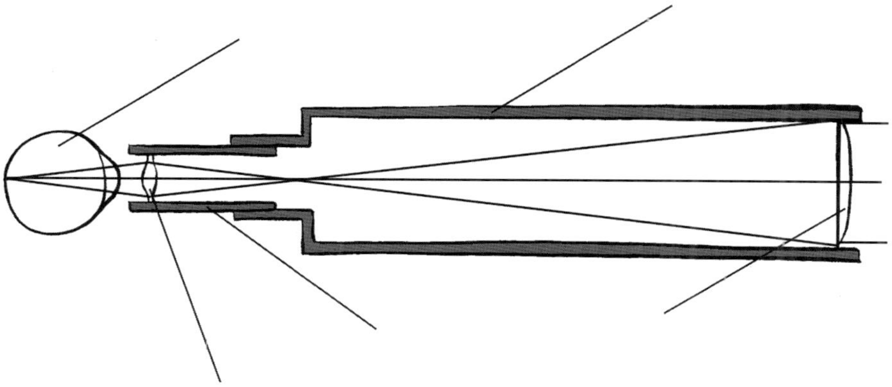

Ein Fernrohr besteht aus mindestens ____________ Linsen, einem ______________ und einer Lupe als ______________ . Dieses Okular befindet sich immer beim Auge. Das ________________________ erzeugt ein Zwischenbild, welches durch das Okular nochmals ______________________________ wird. Als __________________ bezeichnet man den Abstand zwischen Objektiv und Okular.

A2 Male den Weg des Lichts in der Zeichnung gelb nach.

Kleine Dinge ganz groß – das Mikroskop (AB zu Station 5)

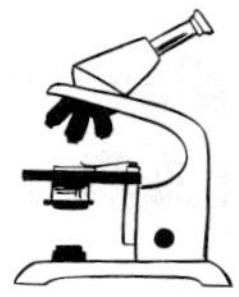

A1 Beschreibe den Weg des Lichts.

A2 Zeichne das Präparat ab.

Die Farben des weißen Lichts (AB zu Station 6b)

A1 Zeichne in den Bereich auf der „Wand“ die Spektralfarben ein.

A2 Ergänze rechts und links mit Worten die Farben des Lichts, die wir nicht mehr sehen können.

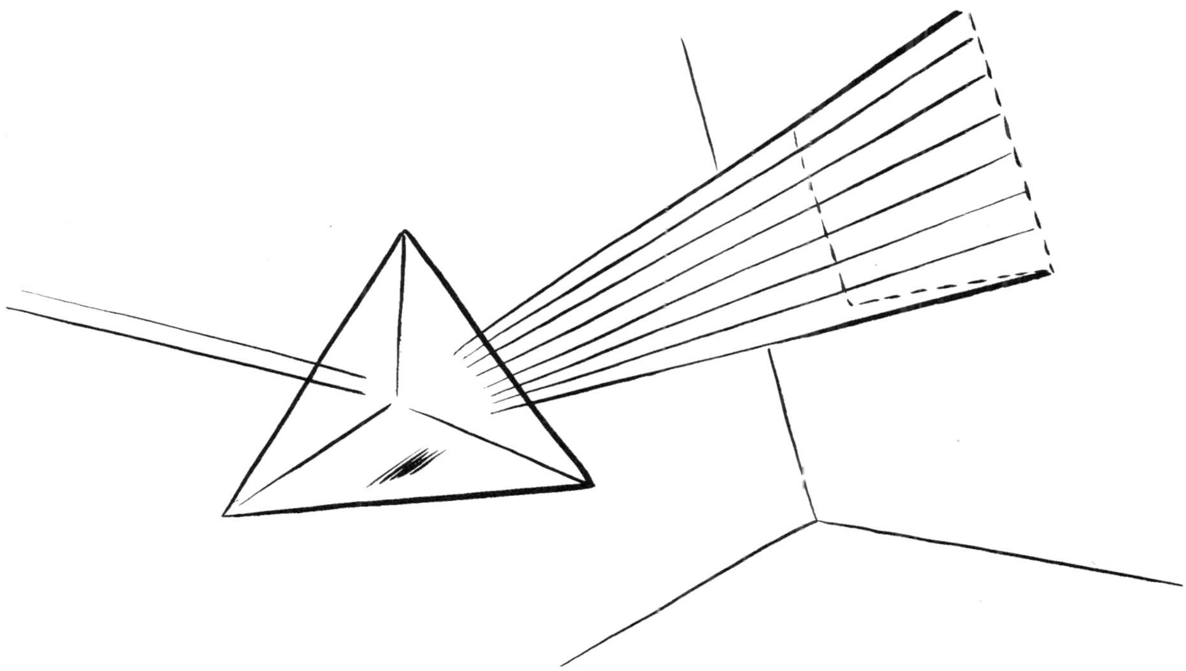

A3 Klebe hier deinen angefertigten Spickzettel ein.

LS 06 Eine Mindmap zu optischen Geräten und deren Grundlagen anfertigen

		Zeit	Lernaktivitäten	Material	Kompetenzen
1	PL	5′	L erklärt den methodischen und inhaltlichen Verlauf der Lernspirale.		- sich über physikalische Erkenntnisse austauschen - Entscheidungen diskutieren und begründen - Wissen strukturieren
2	EA	5′	S sammeln zehn Begriffe zum Thema.		
3	PA	15′	Die Partner vergleichen, ergänzen und einigen sich auf 15 Begriffe und klären deren Bedeutung.		
4	GA	25′	S sortieren die Begriffe und notieren sie auf Metaplankarten, finden Oberbegriffe und legen eine Mindmap an.	Metaplankarten, Packpapierbögen	
5	GA	10′	Die Gruppen machen einen Rundgang zum „Ideenklau“ und verbessern anschließend ihre Mindmap.		
6	PL	10′	Präsentation ausgeloster Mindmaps.		
7	EA	20′	S fertigen ihre eigene Mindmap an.		

✓ Merkposten

Als Metaplankarten können auch gedrittelte DIN-A4-Blätter dienen.

Erläuterungen zur Lernspirale

Ziel der Doppelstunde ist die Erstellung einer Mindmap, um die Einzelbereiche zum Thema Optik zu verknüpfen und zusammenzufassen. Dabei sollen die Schüler ihr Wissen rekapitulieren und ordnen. In der gemeinsamen Erarbeitung einer Mindmap können noch offene Fragen geklärt werden. Gleichzeitig dient die erstellte Mindmap als Lernhilfe für einen Test.

Zum Ablauf im Einzelnen:
Im **1. Arbeitsschritt** bespricht der Lehrer den Ablauf der Stunde. Die Schüler hören zu und können Fragen stellen.

Im **2. Arbeitsschritt** notieren die Schüler zehn Begriffe zum Thema optische Geräte und Grundlagen der Optik, die für sie die Thematik zusammenfassen.

Mit einem Partner tauschen sie sich im **3. Arbeitsschritt** aus, klären die Bedeutung der Wörter und entscheiden sich für insgesamt 15 Begriffe.

Im **4. Arbeitsschritt** werden in den Gruppen alle Begriffe gesichtet und besprochen. Zur Systematisierung werden die einzelnen Begriffe in zusammengehörende Kategorien unterteilt, die jeweils mit einem passenden Oberbegriff benannt werden. Die entsprechenden Oberbegriffe werden auf Metaplankarten notiert.

Die Karten werden zunächst noch nicht auf das Packpapier aufgeklebt, denn im **5. Arbeitsschritt** sollen die Gruppen auf „Ideenklau“ gehen. Ohne Worte wandern die Gruppen von Mindmap zu Mindmap und betrachten die Arbeit der anderen Gruppen. Die Schüler dürfen nicht sprechen, sich aber Notizen machen. Wieder an der eigenen Mindmap angekommen, wird besprochen, was verändert, ergänzt und verbessert werden kann. Erst jetzt werden die Karten fixiert. Die fertigen Produkte werden in der Klasse aufgehängt um im **6. Arbeitsschritt** präsentiert zu werden. Per Los werden ein oder zwei Gruppen ausgelost, die ihr Endergebnis vorstellen.

Abschließend erstellen die Schüler im **7. Arbeitsschritt** ihre eigene Mindmap. Diese dient als Gedächtnisstütze und Lernhilfe.

Notizen:

LS 07 Den eigenen Lernstand zu optischen Geräten reflektieren

		Zeit	Lernaktivitäten	Material	Kompetenzen
1	PL	5′	L erklärt den methodischen und inhaltlichen Verlauf der Lernspirale.		– den eigenen Lernstand kritisch einschätzen – aktiv zuhören – auf Fragen und Kritik angemessen reagieren – Äußerungen von anderen zu psysikalischen Sachverhalten bewerten – Routineaufgaben lösen
2	EA	10′	S schätzen ihr Können mithilfe des Fragebogens ein. Offene Fragen werden notiert.	M1	
3	GA	20′	S sammeln die Fragen in Gruppen und entscheiden, welche Fragen im Plenum geclustert und besprochen werden sollen.	Karten	
4	EA	30′	S bearbeiten in EA einen Test.	M2	
5	PA	15′	S vergleichen, diskutieren und verbessern in PA ihre Ergebnisse.	M2, M3	
6	PL	10′	Ungeklärte Probleme werden im PL besprochen.		

Erläuterungen zur Lernspirale

Ziel der Doppelstunde ist die selbstkritische Einschätzung der Schüler über ihr Grundlagenwissen zu optischen Geräten. Zur Kontrolle dieser Einschätzung lösen die Schüler Aufgaben eines Tests und bestätigen so ihr Können.

Zum Ablauf im Einzelnen:
Im **1. Arbeitsschritt** erklärt der Lehrer den Verlauf der Doppelstunde. Es ist darauf hinzuweisen, dass die Selbsteinschätzung ehrlich durchzuführen ist.

Im **2. Arbeitsschritt** schätzen sich die Schüler mithilfe des Selbsteinschätzungsbogens ein. Auftretende Fragen werden auf einem Notizzettel notiert.

Im **3. Arbeitsschritt** haben die Schüler die Möglichkeit, Unklarheiten in der Gruppe zu klären. Fragen, die nicht beantwortet wurden, werden auf Karten geschrieben. Schließlich werden sie an einer Pinnwand oder der Tafel angeheftet und gleichzeitig geclustert. Ähnliche Fragen werden so zusammengefasst. Sie werden im Plenum geklärt.

In Einzelarbeit lösen die Schüler im **4. Arbeitsschritt** den Test.

Im **5. Arbeitsschritt** werden die Ergebnisse mit einem Partner verglichen, diskutiert und, wenn nötig, berichtigt.

Im **6. Arbeitsschritt** können noch offene Fragen im Plenum erläutert werden.

Notizen:

07 Den eigenen Lernstand zu optischen Geräten reflektieren

Selbsteinschätzung – Über das Gelernte reflektieren

Mit diesem Bogen kannst du ermitteln, was du deiner Meinung nach schon sicher kannst. Überlege, bevor du dein Kreuzchen setzt, wie die Aufgabe lauten könnte und ob du sie beantworten kannst. Beantworte die Punkte wahrheitsgemäß! Die Antworten sind nur für dich.

Wie sicher bist du dir bei der Beantwortung der Aufgabe?	**sicher**	**ziemlich sicher**	**unsicher**	**sehr unsicher**
Ich kenne den Unterschied zwischen **Sammel-** und **Zerstreuungslinse.**				
Ich kenne Ursachen für **Sehschwächen.**				
Ich kann **Bilder** an Sammellinsen **konstruieren.**				
Ich kann die **Bildentstehung am Auge** beschreiben.				
Ich kann **Auge** und **Fotoapparat** miteinander **vergleichen.**				
Ich kann den Aufbau eines **Mikroskops** beschreiben.				
Ich kann Aufbau und Funktion eines **Overheadprojektors** beschreiben.				

Test

1. Zeichne eine Sammel- und eine Zerstreuungslinse.		2. Erkläre die Begriffe.
		Brennweite: ______ ______ ______ Brennpunkt: ______ ______ ______

3. Konstruiere das Bild

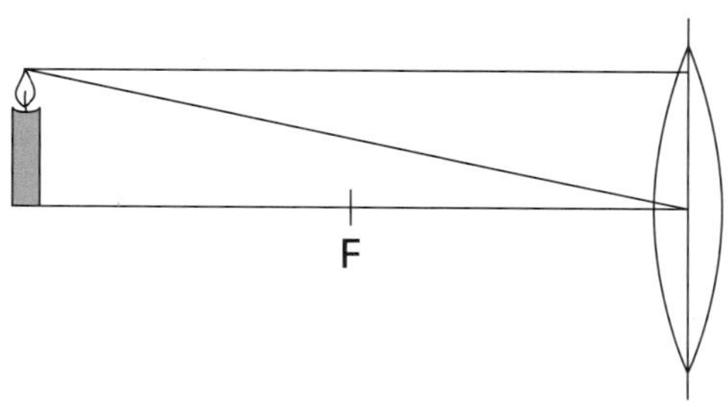

4. Wann ist jemand kurzsichtig? Beschrifte die Nummern!

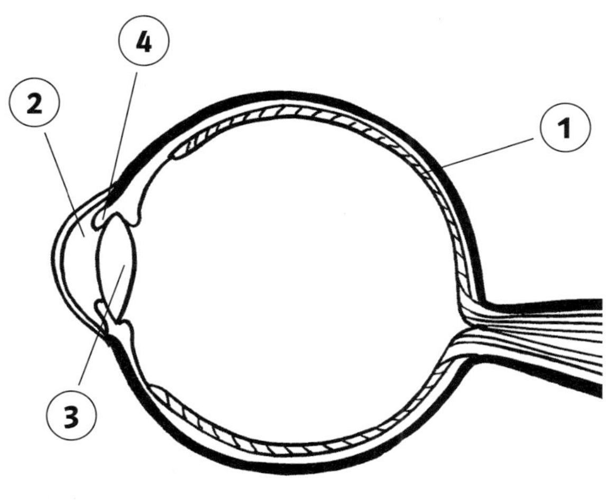

______
______
______
______
______
______
______
______
______
______
______

5. Welche Teile des Fotoapparates entsprechen denen eines Auges? Ordne die Nummern aus Aufgabe 4 in der Tabelle richtig zu! Beschreibe die Funktion der Bestandteile.

Nr.	Auge	Fotoapparat	Funktion

6. Beschreibe den Strahlenverlauf am Overheadprojektor.

7. Beschrifte die Teile des Overheadprojektors und zeichne den Strahlenverlauf gelb ein.

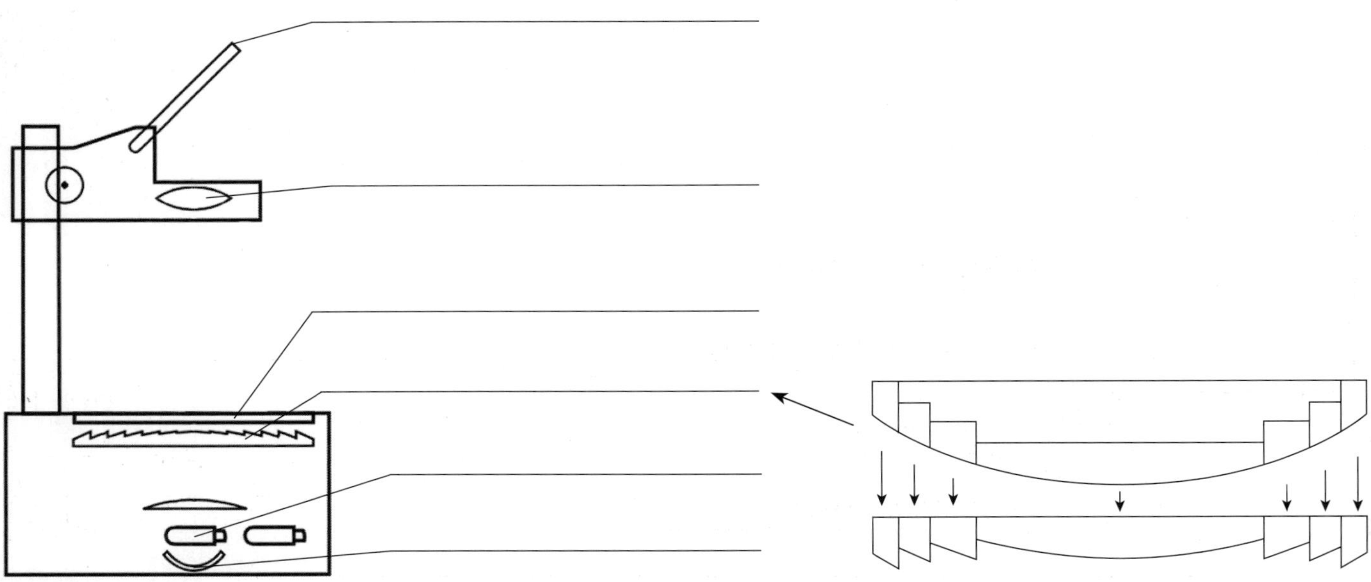

Lösungen zum Test

1.

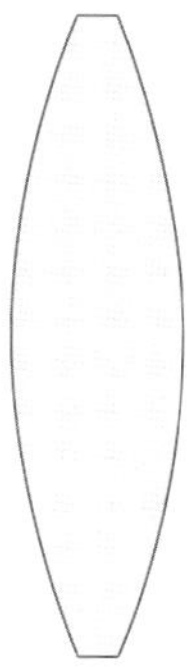

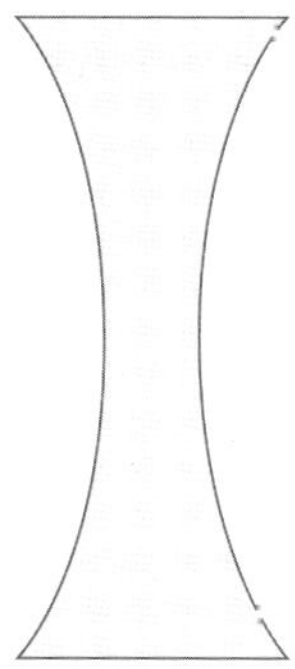

2.
Die **Brennweite f** ist der Abstand von Linsenmitte bis zum Brennpunkt.

Der **Brennpunkt F** befindet sich vor und hinter der Linse. In ihm treffen sich alle Strahlen, die die Linse durchqueren.

3.

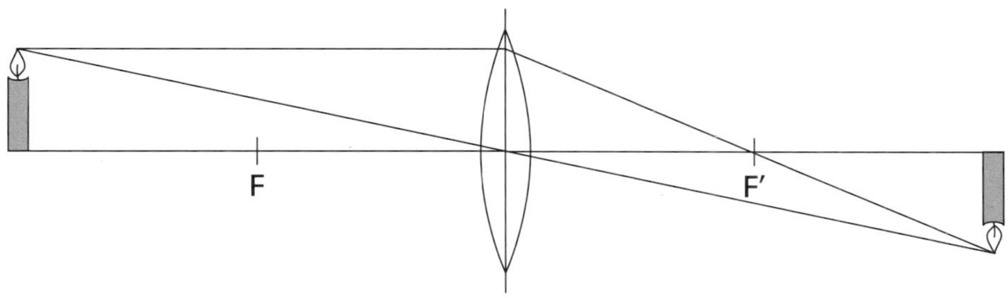

4.
1 – Netzhaut, 2 – Pupille, 3 – Linse, 4 – Iris

Bei Kurzsichtigkeit sieht man weit entfernte Gegenstände nur unscharf. Der Augapfel ist vergrößert, sodass das Bild von der Linse im Auge nicht auf der Netzhaut abgebildet werden kann.

5.
Iris, Blende – steuert den Lichteinfall
Pupille, Blendenöffnung – lässt das Licht ins Innere
Linse, Objektiv – bricht das Licht
Netzhaut, Film – auf ihr/ihm entsteht das Bild

6.
Das Licht wird über einen Hohlspiegel und einen Spiegel umgelenkt. Es trifft auf die Fresnellinse und leuchtet die Auflagefläche gut aus. Über eine Sammellinse und einen Umlenkspiegel wird das vergrößerte Bild an eine große Fläche projeziert.

7.

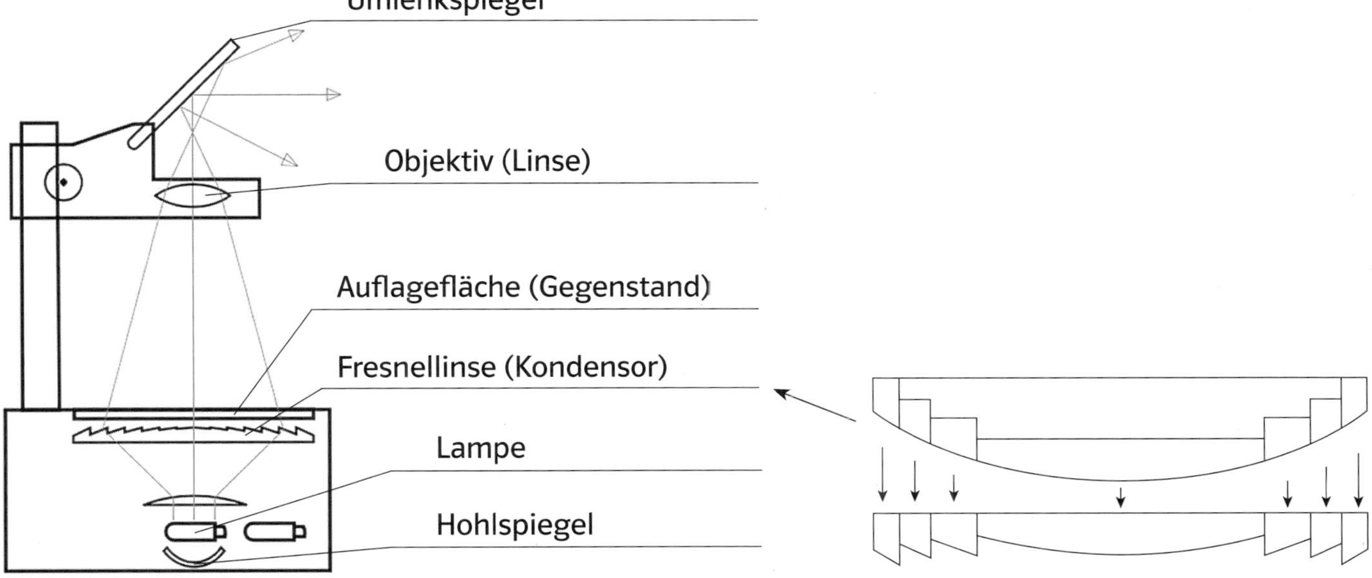

LS 02.M2

Natürliche Lichtquellen	Künstliche Lichtquellen	Keine Lichtquellen
Sonne, Polarlicht, Blitz, Vulkanausbruch, Tintenfisch, Anglerfisch, Glühwürmchen	Kerze, Öllampe, Kienspan, Petroleumleuchte, Glühlampe, Schreibtischlampe, Taschenlampe, Leuchtstab, Laser, Pyrit, Feuerzeug, Feuerwerk, Feuerstein, Schweißgerät, Ampel, beleuchtete Stadt	Mond

LS 03.M2

Experiment 1: Man muss den Schlauch gerade halten, sodass er in einer Linie zwischen Lampe und Auge liegt.
Experiment 2: Das Licht kann durch alle Öffnungen des Pappkartons nach außen dringen.
Experiment 3: Das Licht breitet sich dorthin geradlinig aus, wo es nicht durch die Blenden daran gehindert wird.
⇨ Licht breitet sich geradlinig nach allen Seiten aus, wenn es nicht abgeschirmt wird.

LS 03.M3

allen; geradlinig; ungehindert; Gehäuse; vorne; Blenden; Lichtbündel; Linie; Strahlen; mittleren

LS 03 Hausaufgabe

Um Tunnel zubauen, werden große Bohrer mit mehreren Metern Durchmesser verwendet. Damit die gewünschte Richtung eingehalten wird, wird eine besondere Lichtquelle eingesetzt – ein Laser. Man nutzt die geradlinige Ausbreitung des Lichts aus, denn vorne am Bohrer wird ein Lichtempfänger angebracht. Weicht der Bohrer vom Weg ab, trifft der Laser nicht mehr den Empfänger. Die Maschine korrigiert dann sofort die Ausrichtung. So wird die gerade Ausrichtung des Tunnels gewährleistet.

LS 04.M1

falsch, falsch, richtig, falsch

LS 06.M1

richtig: 2, 3, 6
falsch: 1, 4, 5

LS 06.M2

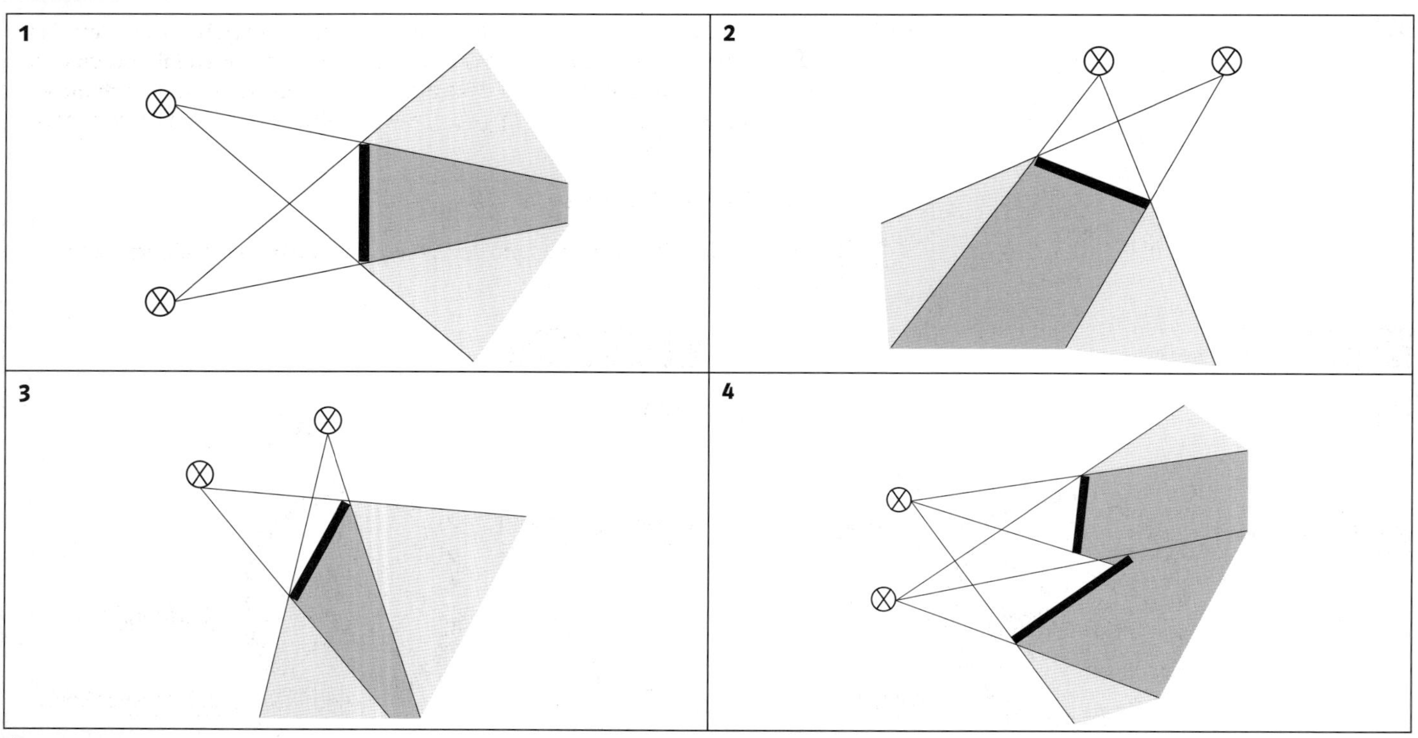

LS 07.M3

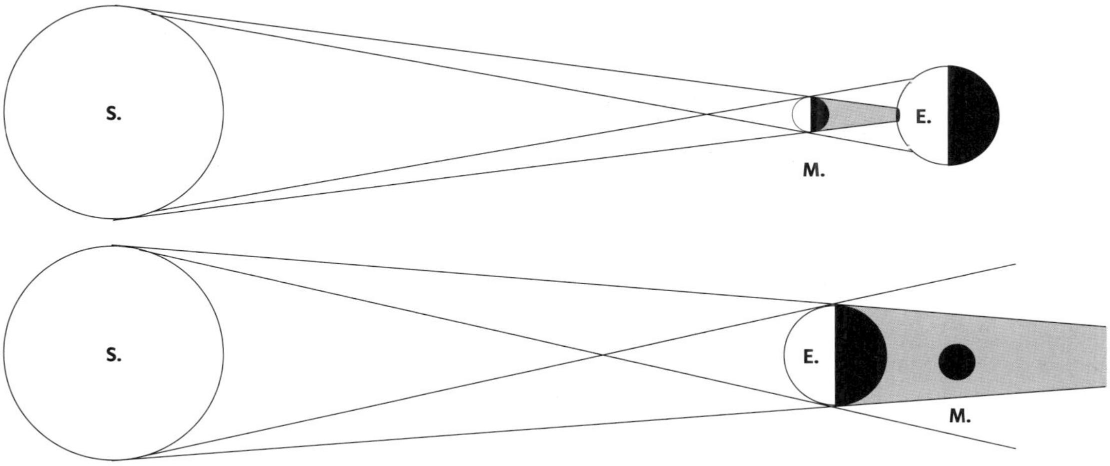

LS 09.M1

Experiment Reflexion

A1 Der Winkel, in dem das Licht von der Oberfläche reflektiert wird, ist genauso groß wie der Winkel, in dem es auf den Spiegel auftrifft. Dies gilt immer, egal von welcher Seite das Licht kommt. Außerdem liegen einfallender und reflektierter Strahl sowie das Lot in einer Ebene.

A2

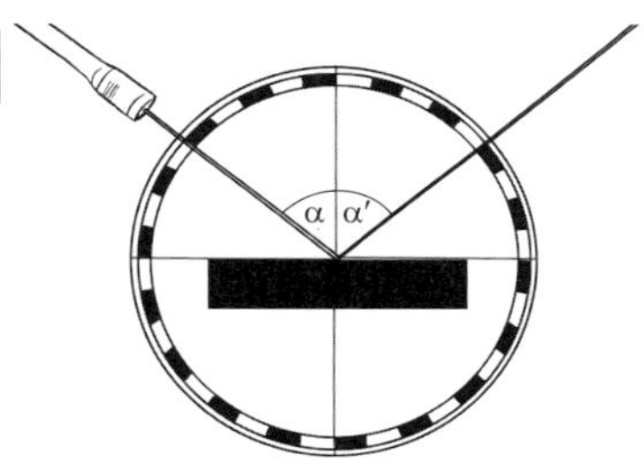

A3 Licht muss in verschiedenen Einfallswinkeln auf den Spiegel gelenkt werden. Danach muss jeweils der Einfalls- und der Reflexionswinkel gemessen werden. Sind diese gleich groß, ist das Reflexionsgesetz bewiesen.

A4 Lichtquelle, Spiegel, Geodreieck

Experiment Brechung

A1 Die zweite Zeichnung zeigt die Brechung

A2

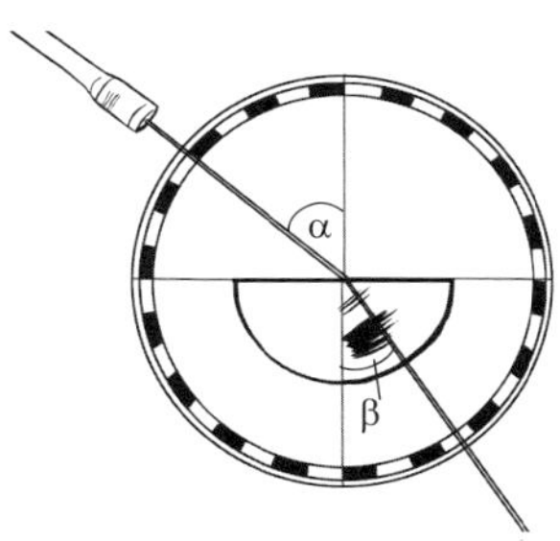

A3 Licht muss in verschiedenen Einfallswinkeln auf das Glas gelenkt werden. Die Brechung erkennt man daran, dass der Lichtstrahl nicht geradlinig durch das Glas hindurchläuft, sondern seine Richtung ändert. Der jeweilige Brechungswinkel (Winkel zwischen Lot und gebrochenem Strahl) muss aufgeschrieben werden.

A4 Lichtquelle, Glaskörper, Geodreieck

A5 Es müssen der Einfallswinkel und der Brechungswinkel gegenübergestellt werden.

LS 09.M2

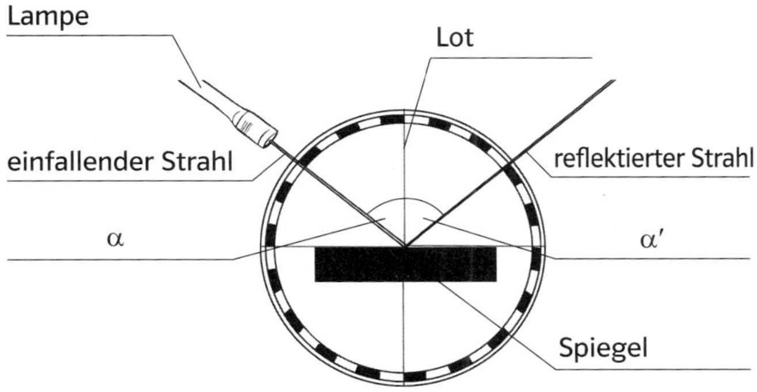

LS 09.M3

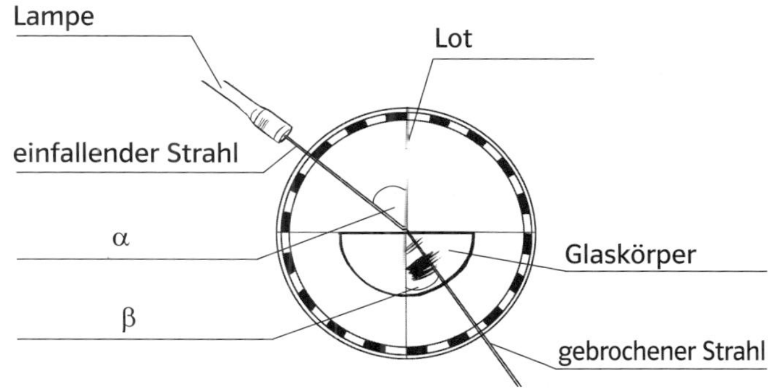

LS 01.M1

				1 S	T	R	A	H	L	
	2 S	C	H	A	T	T	E	N		
				3 M	O	N	D			
				M						
R	E	F	L	E	X	I	O	N		
				5 L	O	T				
				6 L	U	P	E			
			L	7 I	C	H	T			
		8 S	O	N	N	E				
	9 F	I	N	S	T	E	R	N	I	S
		10 B	R	E	C	H	U	N	G	

Lösungswort: SAMMELLINSE

Zeichnung eines solchen Gegenstandes:

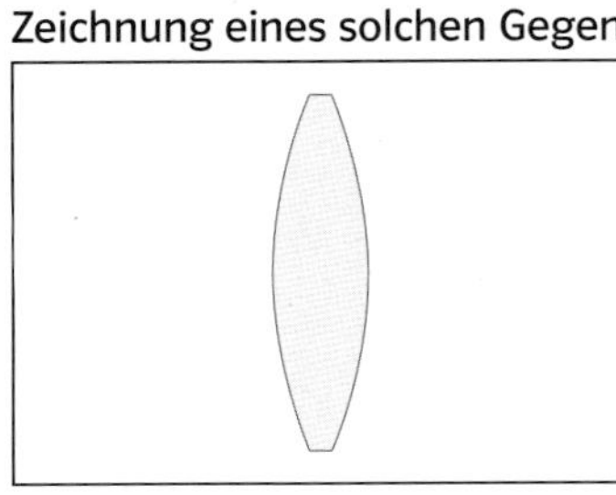

LS 01.M2

S	C	H	A	T	T	E	N	S
D	N	O	M	H	B	P	R	I
L	O	Z	B	C	R	U	E	N
H	P	L	R	I	I	L	F	R
A	T	I	E	L	L	E	L	E
R	I	N	C	R	L	S	E	T
T	K	S	H	T	E	R	X	S
S	E	E	U	U	U	N	I	N
S	O	N	N	E	G	S	O	I
L	I		G	N	S	E	N	F

Lösungswort: ZERSTREUUNGSLINSE

Zeichnung eines solchen Gegenstandes:

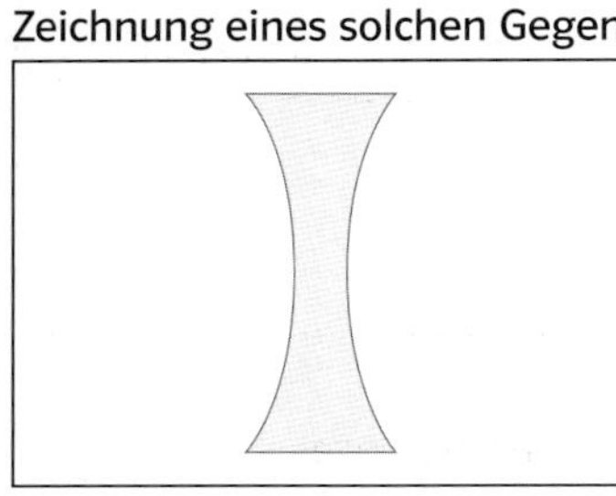

LS 03.M1

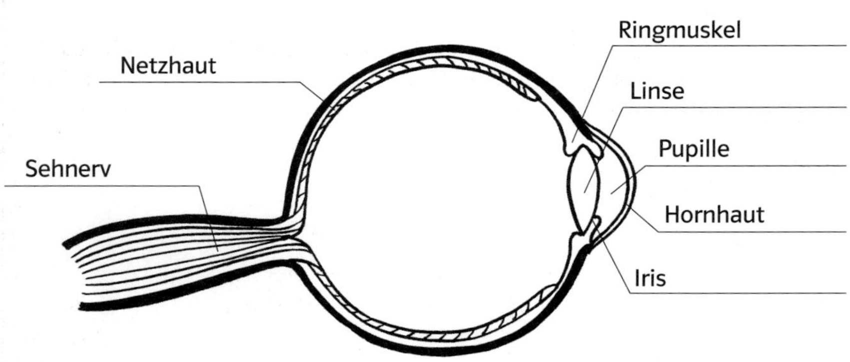

LS 05.M3–4

Station 1: Lupe

A1

a) verkleinertes,reelles, seitenverkehrtes Bild

1 Punkt

A2

b) Der Schirm muss von der Linse weg geschoben werden, das Bild wird größer.
c) Der Schirm muss zur Linse hin geschoben werden, das Bild wird kleiner.

2 Punkte

A3

b) Lupennutzung:
ältere Leute beim Lesen, Insekten- oder Briefmarkensammler

1 Punkt

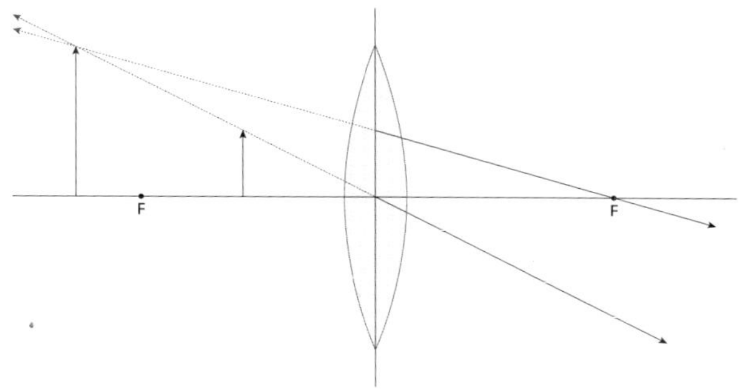

Konstruktion: 3 Punkte

Station 2: Fotoapparat

A2

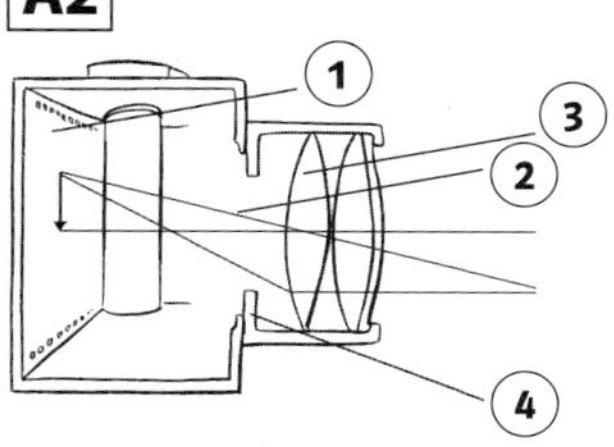

Nr.	Auge	Fotoapparat	Funktion
1	Netzhaut	Film	bildet das Bild ab
2	Pupille	Blendöffnung	lässt Licht ins Innere
3	Linse	Objektiv	bricht das einfallende Licht
4	Iris	Blende *4 Punkte*	Steuert die Menge des einfallenden Lichts *4 Punkte*

A4 Bei zu großer Belichtungszeit trifft über einen zu langen Zeitraum Licht auf den Film. Das Bild ist überbelichtet. *2 Punkte*

Station 3: Overheadprojektor

A1 / **A2**

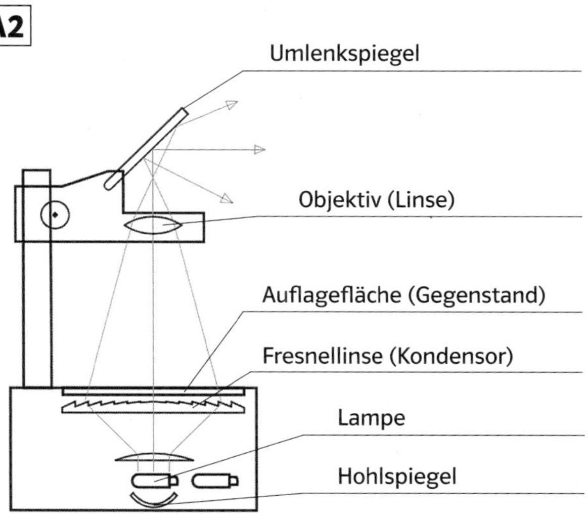

A3 Das Licht trifft auf die Fresnellinse und leuchtet dadurch die Folie gut aus. Die Objektivlinse bricht das Licht. Es trifft auf einen Umlenkspiegel und wird an die „weiße Wand" projeziert. *1 Punkt*

A4 vergrößertes, reelles, seitenrichtiges Bild *1 Punkt*

A5 Die Fresnellinse ist dazu da, dass die Auflagefläche gut ausgeleuchtet wird. *1 Punkt*

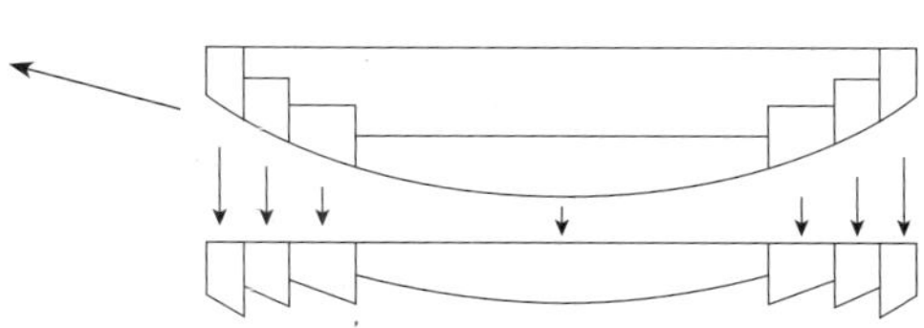

3 Punkte

Station 4: Fernrohr

A1

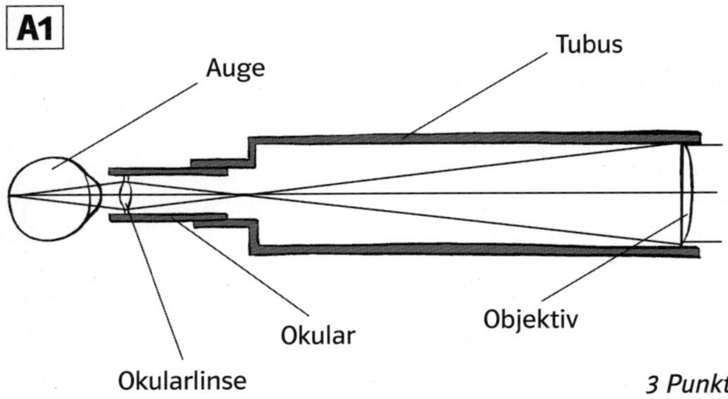

3 Punkte

Lückentext: zwei, Objektiv, Okular, Objektiv, vergrößert, Tubus

3 Punkte

Station 5: Mikroskop

A1 Eine Lichtquelle beleuchtet das Präparat. Das Bild wird von einer Linse (Objektiv) so gebrochen, dass ein Zwischenbild entsteht. Es wird mit einem Schirm aufgefangen. Mit einer zweiten Linse (Okular) wird das Bild noch einmal vergrößert und kann angesehen werden.

3 Punkte

A2 Das Bild des Präparates kann nicht gezeigt werden, da dies individuell vom Lehrer ausgewählt wird.

3 Punkte

Station 6b: Die Farben des weißen Lichts

A1 Rot, orange, gelb, grün, blau, violett

A2 Links schließt sich infrarotes Licht, rechts ultraviolettes Licht an.

A3 Die Informationen auf dem „Spickzettel" hängen vom Inhalt des jeweiligen Lehrwerkes ab.

Für alle Bonusstationen gibt es bei vollständiger Lösung jeweils 3 Punkte.

Akustisches Zeichen: Mithilfe eines Glöckchens, eines Klangstabes oder irgendeines anderen akustischen Instruments wird den Schülern z.B. das Ende einer Arbeitsphase oder das Überschreiten eines bestimmten Lärmpegels signalisiert.

Cluster/Clustering: Begriffe werden auf Kärtchen geschrieben und an der Pinnwand/Tafel so geordnet bzw. verknüpft, dass sich Begriffsgruppen ergeben (= Cluster).

Doppelkreis (auch Kugellager): Die Schüler sitzen oder stehen sich in einem Innen- und Außenkreis paarweise gegenüber und halten sich wechselseitig Vorträge, führen Interviews etc. Die Hälfte der Klasse ist also mündlich aktiv.

Einzelarbeit (EA): Die Schüler sind bei der Bearbeitung des jeweiligen Arbeitsauftrags auf sich alleine gestellt und gehen in Stillarbeit daran, bestimmte Aufgaben zu lösen.

Fünf-Satz-Schema: Das Fünf-Satz-Schema dient der Argumentationsschulung. Es beginnt mit einem Satz zur Ausgangssituation und führt über drei Sätze zur Begründung/Erläuterung einer Maßnahme hin zum eigentlichen Zielsatz (z.B. „Und deshalb brauchen wir ein Rauchverbot in der Schule").

Gruppenarbeit (GA): Die Schüler arbeiten in Kleingruppen mit in der Regel 3–5 Mitgliedern zusammen. Die Gruppenarbeit kann aufgabengleich oder aufgabendifferenziert angelegt sein.

Kooperative Präsentation: Zum Abschluss einer Gruppenarbeit präsentieren zwei oder mehr Schüler das jeweilige Gruppenergebnis. Die Präsentatoren können ausgelost werden. Die Präsentation muss so vorbereitet werden, dass die betreffenden Sprecher in etwa gleichgewichtig zu Wort kommen.

Laufzettel: Hilfsmittel im Rahmen der Stationen- bzw. Lernzirkelarbeit. Die Schüler halten tabellarisch fest, welche Stationen sie durchlaufen haben.

Lehrervortrag: Die Lehrkraft präsentiert/erläutert lernrelevante Sachverhalte an der Tafel oder in anderer Weise im Plenum. Damit wird den Schülern „Futter" für die Eigenarbeit gegeben.

Losverfahren: Die Schüler werden nach dem Zufallsprinzip gruppiert. Das kann durch Abzählen, Nummern auf Arbeitsblättern oder durch Ziehen von Spielkarten, Puzzleteilen, Symbolkarten, Namenskarten etc. geschehen.

Museumsrundgang: Die Schüler sichten alleine oder in Gruppen die im Klassenraum aushängenden bzw. ausliegenden Lernprodukte, holen Informationen ein und besprechen etwaige Unklarheiten.

Partnerarbeit (PA): Die Schüler arbeiten paarweise zusammen und berichten, helfen und unterstützen sich gegenseitig.

Plenum (Pl): Arbeitsphasen, in denen die Gesamtgruppe der Schüler angesprochen wird – durch Lehrervorträge, lehrergelenkte Unterrichtsgespräche oder Schülerpräsentationen.

Punktabfrage: Die Schüler erhalten eine bestimmte Anzahl von Klebepunkten, die sie zur Kenntlichmachung ihrer Einschätzung/en in ein vorgegebenes Bewertungsraster (Flip) einkleben müssen.

Spickzettel: DIN-A7-Kärtchen, auf dem sich ein Schüler das Wichtigste zu einem bestimmten Thema stichwortartig notiert. Die Zahl der Wörter kann z.B. auf zehn begrenzt werden; Skizzen, Symbole und andere grafische Elemente können hinzukommen. Der Spickzettel sollte gut strukturiert sein und dient z.B. als Lernhilfe oder als Gedächtnisstütze bei Präsentationen.

Tandemarbeit (TA): Zwei Schüler arbeiten gemeinsam an einer Aufgabe. Sie lösen gemeinsam Probleme, halten sich wechselseitig Vorträge, unterstützen sich gegenseitig etc. (siehe auch Partnerarbeit).

Thesendiskussion: Die Schüler erhalten mehrere Thesen (zu einem Thema) und sollen diesen auf einer Scala „zustimmen" oder sie „ablehnen". Die Meinungen werden in der Kleingruppe zusammengetragen und diskutiert. Über Übereinstimmungen und Unterschiede wird im Plenum berichtet. Pro Kleingruppe kann auch nur eine These diskutiert werden. In diesem Falle soll die Kleingruppe eine Stellungnahme erarbeiten.

Zufallsgruppe/Zufallstandem: Gruppen- bzw. Tandembildung mittels Abzählen, Spielkarten, Puzzlebildung, Namenskärtchen oder anderen Formen des Losverfahrens.

Zufallsprinzip: Grundsatz, dass bei der Gruppenbildung oder bei der Auswahl von Präsentatoren auf den Zufall gesetzt und ausgelost wird.